Emna Ghaieb
Faouzi Haouala

Callogenèse et régénération de pousses de glaïeul sous stress salin

Emna Chaïeb
Faouzi Haouala

Callogenèse et régénération de pousses de glaïeul sous stress salin

Glaïeul (Gladiolus grandiflorus Hort.)

Presses Académiques Francophones

Impressum / Mentions légales

Bibliografische Information der Deutschen Nationalbibliothek: Die Deutsche Nationalbibliothek verzeichnet diese Publikation in der Deutschen Nationalbibliografie; detaillierte bibliografische Daten sind im Internet über http://dnb.d-nb.de abrufbar.

Information bibliographique publiée par la Deutsche Nationalbibliothek: La Deutsche Nationalbibliothek inscrit cette publication à la Deutsche Nationalbibliografie; des données bibliographiques détaillées sont disponibles sur internet à l'adresse http://dnb.d-nb.de.

Coverbild / Photo de couverture: www.ingimage.com

Verlag / Editeur:
Presses Académiques Francophones
ist ein Imprint der / est une marque déposée de
AV Akademikerverlag GmbH & Co. KG
Heinrich-Böcking-Str. 6-8, 66121 Saarbrücken, Deutschland / Allemagne
Email: info@presses-academiques.com

Herstellung: siehe letzte Seite /
Impression: voir la dernière page
ISBN: 978-3-8381-7910-0

Callogenèse et régénération de pousses de glaïeul sous stress salin

Auteurs : Emna Chaieb et Faouzi Haouala

Résumé

La régénération de pousses de glaïeul (*Gladiolus grandiflorus* Hort. cultivars 'ChaCha' et 'Priscilla') en conditions de stress salin a été obtenue à partir de cals cellulaires. La callogenèse a été étudiée à partir de divers types d'explants prélevés *in vitro* et *in vivo*. Les bourgeons apicaux, les fragments de feuilles et les pédoncules floraux ont présenté une bonne aptitude à la formation de cals. Les pétales se sont caractérisés, par contre, par une callogenèse faible alors que les segments de tige, les fragments d'inflorescence et les bractées n'ont permis aucune activité callogène. Les meilleurs taux de callogenèse ont été obtenus sur les milieux de culture composés du milieu de Murashige et Skoog (MS) additionné de 2,4-D 3 mg.l^{-1} ou d'ANA 5 mg.l^{-1}. Les deux cultivars ne paraissent pas très différents dans cette phase de l'étude.

La régénération de pousses a été possible sur le milieu MS additionné de BA 1 mg.l^{-1}. La régénération est meilleure chez le cultivar 'Priscilla'. Pour la régénération de pousses en conditions de salinité, les cals ont été cultivés sur le milieu précédent additionné de différentes concentrations de NaCl (0, 50, 100 et 150 mM). Les résultats ont montré que la salinité affecte le taux de bourgeonnement, le nombre de bourgeons néoformés ainsi que le nombre de pousses régénérées. La mortalité des cals est très accentuée par les fortes concentrations de sel. Le cultivar 'ChaCha' paraît plus affecté par la salinité que le cultivar 'Priscilla' qui a montré une meilleure tolérance au sel à travers tous les paramètres étudiés.

Abstract

The regeneration of shoots of *Gladiolus* (*Gladiolus grandiflorus* Hort. cultivars 'Chacha' and 'Priscilla') in salt stress conditions has been obtained from calli cells. Callogenesis has been studied from different kind of explants taken from *in vitro* and *in vivo*. The apical buds, fragments of leaves and flower stalks showed a good ability to callus formation. However, petals were characterized by a low callogenesis while stem segments, inflorescence fragments and bracts permitted no callus activity. The best rate of callus was obtained on culture media consisting of Murashige and Skoog (MS) medium supplemented with 2,4-D 3 mg.l^{-1} or ANA 5 mg.l^{-1}. The two cultivars did not appear very different in this phase of study. Regeneration of shoots was possible on MS medium supplemented with BA 1 mg.l^{-1}. Regeneration is better for the cultivar 'Priscilla'. For shoot regeneration in salinity conditions, calli were cultivated on previous medium supplemented with different concentrations of NaCl (0, 50, 100 and 150 mM). Results showed that salinity affects the rate of budding, the number of new buds and the number of regenerated shoots. Mortality of calli was very accentuated by higher concentrations of salt. The cultivar 'ChaCha' seems more affected by salinity than the cultivar 'Priscilla' which showed a better salt tolerance through all studied parameters.

Table des matières

DISCUSSIONS

INTRODUCTION

La production de fleurs coupées en Tunisie a connu une expansion importante et la surface cultivée couvre 43,14 ha dont 28,74 ha sont équipés de serres et/ou d'ombrières et 14,4 ha en plein air (APIA, 2004). Cette production est caractérisée par un nombre limité de producteurs et d'opérateurs et son évolution reste largement déterminée par les possibilités d'exportation ainsi que par le développement du marché intérieur.

Les espèces de fleurs coupées cultivées sont nombreuses et leur nombre dépasse la quinzaine. Cependant, la fleur coupée la plus fréquente chez les producteurs est la rose suivie par le glaïeul, le strelitzia et l'œillet (APIA, 2004).

Le glaïeul est une plante bulbeuse herbacée appartenant à la famille des Iridacées. Cette espèce est largement utilisée pour la production de fleurs coupées et en décoration dans les massifs.

Les espèces et variétés du genre *Gladiolus* sont différentes et comprennent 180 espèces et plus de 10000 cultivars (Sinha et Roy, 2002 ; Roy *et al.,* 2006).

Le glaïeul est sensible à la salinité de l'eau d'arrosage et une conductivité électrique supérieure à 2 dS.m^{-1} est déjà préjudiciable à la culture. La salinité affecte les rendements en fleurs et surtout leur qualité.

L'amélioration par drainage des sols et par désalinisation des eaux d'irrigation s'avère relativement difficile à appliquer en raison de son coût élevé (Piri, 1991) et l'amélioration génétique l'est aussi vu qu'elle demande une longue période (Bajaj, 1987). Il est très important de développer de nouveaux cultivars tolérants à la salinité.

Au cours des deux dernières décennies, les biotechnologies ont été adaptées aux pratiques agricoles et ont ouvert des perspectives pour l'amélioration des plantes.

La technique de culture de tissus est une des composantes les plus importantes de la biotechnologie végétale et qui est largement utilisée pour l'amélioration de la tolérance à la salinité des plantes.

Il a été démontré que la régénération à partir de cal dépend principalement des variétés cultivées, des explants et des régulateurs de croissance utilisés dans les milieux de culture (Roy *et al.*, 2006).

La multiplication *in vitro* des glaïeuls a été étudiée par plusieurs auteurs : Sen et Sen, 1995; Dantu et Bhojwani, 1995 ; Kumar *et al.*, 1999 ; Ahmad *et al.*, 2000; Roy *et al.*, 2006 et Aftab *et al.*, 2008.

L'objectif de notre travail est de régénérer des pousses de glaïeul (*Gladiolus grandiflorus Hort.*) en conditions de stress salin à partir de cals issus de différents types d'explants.

La première partie de ce travail est une synthèse bibliographique sur les caractéristiques botaniques de l'espèce, les voies possibles de sa multiplication et la tolérance à la salinité des plantes.

Dans la deuxième partie, nous présentons le matériel végétal utilisé et les techniques de culture adoptées.

La troisième partie est consacrée à la présentation et à l'interprétation des résultats en se référant aux données bibliographiques.

ETUDE BIBLIOGRAPHIQUE

I. Culture du glaïeul

Le glaïeul est une plante bulbeuse, semi-rustique, originaire d'Afrique du Sud. Elle est caractérisée par sa magnifique floraison et la facilité de sa culture.

Cette espèce offre deux sources de rentabilité pour les horticulteurs : la bulbiculture et la production de fleurs coupées.

1. Classification des glaïeuls

D'après Belin (1952), les glaïeuls peuvent être communément classés en deux grands groupes : les glaïeuls nains hâtifs et les hybrides à grandes fleurs.

1.1. Les Glaïeuls nains hâtifs ou glaïeuls de printemps

Ces plantes sont caractérisées par une plantation d'automne, une floraison de fin de printemps. Ces glaïeuls se distinguent très nettement des autres par une hampe florale mince atteignant parfois 60 cm de longueur, des fleurs plus petites et une certaine indigence de coloris. Les glaïeuls nains hâtifs comprennent quelques hybrides intéressants.

 * *Gladiolus x nanus* : glaïeuls nains : riches de nombreuses variétés hybrides issues de croisements répétés telles que : Ackermanii, Peach Blossom, Nymphe, Amanda Malby…

* *Gladiolus colvillei* : issus du croisement entre *Gladiolus tristis* L. et *Gladiolus cardinalis* Cult., appréciés pour ses variétés à fleurs blanches ou roses : The Bride, Albus…

* *Gladiolus x ramosus* : les différentes variétés sont très hâtives, parmi lesquelles Queen Victoria et Prince Henry.

* *Gladiolus x tubergenii* : glaïeul obtenu par Van Tubergen. Les fleurs s'épanouissent sur une hampe florale de 70 à 75 cm. Comprend la variété Charm de couleur rose pourpré, brillant, à centre blanc.

1.2. Les Glaïeuls hybrides à grandes fleurs ou glaïeuls d'été

Ce sont des glaïeuls hybrides à grandes fleurs à floraison estivale dont l'assortiment variétal, très vaste, se renouvelle régulièrement.

Cependant, les variétés bien adaptées à la production de fleurs coupées sont en nombre limité et évoluent plus lentement. Ces glaïeuls sont tétraploïdes et fertiles.

Ce groupe comprend différentes races Candavensis, Lemoinei, Nanceianus, Childsii, Kelwayi, Praecox, Princeps, de Groff, Kunderlii et Primilinus.

2. Description de la plante

Les plantes bulbeuses se définissent par l'existence d'organes souterrains où s'accumulent des substances nutritives qui permettent à la plante de persister après chaque saison de végétation et de résister aux conditions défavorables du climat.

Le glaïeul est une plante bulbeuse herbacée qui se caractérise par son bulbe plein à renouvellement annuel.

La plante est acaule, les feuilles sont basilaires, distiques, linéaires, lancéolées aigues, à nervures saillantes ; celles-ci sont engainantes à la base au nombre de 1 à 12, en forme de glaive, certaines sont bien développées, d'autre (2 à 3) sont réduites.

L'inflorescence peut porter 10 à 16 fleurons (**figure 1**). L'épanouissement des fleurons est acropète, c'est à dire s'effectue de la base vers le haut de l'épi floral.

Les fleurs en épi simple à symétrie bilatérale, protégées par deux bractées, possèdent un périanthe à 6 pièces plus ou moins soudées à la base, trois étamines, un ovaire infère à trois loges (Cohat, 1988).

Figure 1 : Inflorescence du glaïeul.

Les hampes florales atteignent couramment 100 cm jusqu'à 160 cm de longueur et même plus.

Le corme est aplati aux deux pôles, à entre-nœuds courts et très serrés, garni de réserve, sa durée est limitée à une seule saison de culture et il résiste au gel (jusqu'à -10 °C) (**figure 2**).

Figure 2 : Partie souterraine d'une plante de glaïeul.

Le bulbe est plein (corme) et entouré d'une tunique fibreuse brune violacée, résidu foliacé attaché aux nœuds et protégeant les bourgeons axillaires.

A la partie supérieure et au centre du bulbe, on distingue une cicatrice marquant l'emplacement de la tige florale qui existait l'été précédent, tout contre la cicatrice de l'ancienne tige, existe un gros bourgeon aplati triangulaire qui se développe après la plantation, en une tige feuillée et fleurie. Diamétralement opposé à ce premier bourgeon existe un second bourgeon analogue, plus petit, pouvant accidentellement se développer plus tardivement en un second pole végétatif feuillu et quelque fois fleuri. (Halevy, 1985 ; Cohat, 1993).

Une fois planté, le bulbe émet des racines primaires permettant l'absorption des nutriments du sol puis des racines secondaires ou tractrices, moins nombreuses et plus grosses, à l'aisselle de la nouvelle corme, qui vont assurer la fixation de la plante profondément dans le sol. Les bourgeons axillaires situés entre l'ancien et la nouvelle corme évoluent en stolons à l'extrémité desquels se développent les caïeux, organes de multiplication asexuée (Halevy, 1985).

Au printemps, le bourgeon principal du bulbe en position sympodiale se développe en rosette feuillée. Les feuilles émergent l'une après l'autre et se déploient pour assurer leur fonction nourricière. Cette croissance initiale est obtenue par le recyclage des réserves accumulées dans le bulbe qui végète. Leur utilisation est favorisée par une teneur suffisante en azote du sol sans être excessive, (Poisson, 1980).

A la base de la tige, s'organise « très précocement » un nouveau bulbe de remplacement qui poursuit sa croissance au cours du cycle de végétation.

Ce bulbe de remplacement se forme juste au dessus du premier. Le bulbe fils est formé par gonflement des premiers entre-nœuds de la tige se développant à partir du bourgeon terminal du bulbe père. Le bulbe fils devient généralement plus volumineux que le bulbe père qui va fleurir et se dessécher petit à petit. Il faut noter également que le glaïeul a deux systèmes racinaires distincts :

- des racines fibreuses qui émergent à la base du bulbe peu après la plantation,

- de grosses racines contractiles de seconde génération, naissent à la base du nouvel organe tubérisé pour assurer la continuité de son alimentation en même temps que par traction, elles s'enfoncent dans le sol à la place des précédentes en voie de sénescence (Halevy, 1985).

Le nombre de racines contractiles n'est pas absolu et paraît être lié à la profondeur de plantation du bulbe. La formation des racines contractiles a pour effet de stabiliser le bulbe nouvellement développé à une profondeur typique pour chaque espèce (**figure 3**).

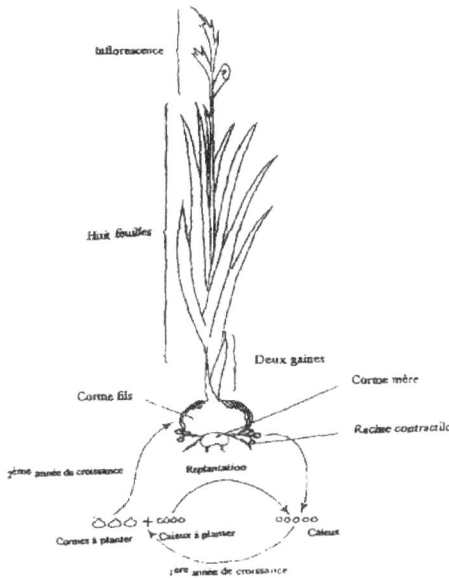

Figure 3: Représentation schématique du glaïeul et système de multiplication du cormus (Cohat, 1993).

3. Cycle biologique

Le cycle annuel du glaïeul comprend :

3.1. Stade de végétation

On distingue deux phases :

- Une période de rhizogenèse et de croissance racinaire,
- Une période de caulogenèse et de croissance caulinaire.

En effet, la phase racinaire intervient au préalable est activée par une période froide ou fraîche. Cette phase peut se dérouler en même temps que la phase caulinaire. La caulogenèse est tributaire des conditions climatiques. Des températures élevées (20°C et plus) favorisent le départ de la végétation qui est traduit par la reprise de l'activité du bourgeon du bulbe (De Hertogh et Le Nard, 1993).

3.2. Stade de floraison

Ce stade débute par l'induction florale et se poursuit par l'anthèse.

Les deux mécanismes sont en relation avec la qualité et la quantité de réserves et donc du calibre du bulbe.

L'induction florale se traduit par la poursuite de l'activité de l'apex au niveau d'un massif méristématique sous apical s'allongeant en différenciant des ébauches foliaires ou écailleuses dont les primordia se transformeront au cours de l'évolution en méristèmes floraux. Leurs activités se poursuivent pendant la croissance de la hampe florale et donneront les différents fleurons de l'épi.

Chez la majorité des glaïeuls d'origine intertropicale, cette modification du régime de croissance ne se réalise que lorsque sont présentes simultanément 7 à 8 ébauches foliaires.

La phase florale apparente correspond à l'émergence de l'extrémité de l'épi après un certain nombre de feuilles et à la poursuite de sa montaison suivie de l'épanouissement des premiers fleurons.

La floraison proprement dite se produit 8 à 12 semaines après la plantation, d'autant plus rapidement que la température est élevée et que le calibre du bulbe père est grand (Cohat, 1993).

3.3. Stade de tubérisation

Ce stade débute plus ou moins précocement et se traduit par une accumulation des réserves dans un ou plusieurs organes souterrains et se caractérise par un accroissement exceptionnel en épaisseur.

4. Multiplication

Le glaïeul possède deux types d'organes de multiplication et de réserve :

-   Le cormus (bulbe plein) correspond à la partie souterraine de la tige possédant 5 à 8 entre-nœuds et entourés par la base des feuilles.

-   Les caïeux formés des stolons ramifiés se développant entre l'ancien et le nouveau cormus (Meynet *et al.,* 2000).

4.1. Multiplication végétative

Le glaïeul hybride à grandes fleurs (*Gladiolus grandiflorus* Hort.) est une espèce à multiplication végétative allogame, tétraploïde ($4 x = 60$) et fortement hétérozygote.

Le procédé naturel de reproduction est la multiplication végétative assurée par l'intermédiaire des caïeux et de cormus de 1 à 2 cm de circonférence, qui plantés au printemps donnent des bulbes de petit calibre (6/8). Ils sont cultivés encore une deuxième année pour donner des bulbes commercialisables (Cohat, 1988).

La multiplication végétative aboutit à la constitution de populations génétiquement homogènes ; elle permet donc le maintien d'un potentiel génétique.

9

La multiplication végétative permettant l'exploitation directe d'un génotype quel que soit son degré d'hétérozygotie.

4.2. Semis

Le genre *Gladiolus* peut se propager par les graines qui sont un moyen efficace de propagation (Hussain *et al.*, 2001).

Le glaïeul est une plante à fleur hermaphrodite, avec la présence d'organes mâle et femelle à maturité concomitante.

L'autofécondation est possible mais elle est peu probable, c'est donc une espèce à fécondation artificielle (Homme ou insectes).

Dans la pratique, le semis est utilisé pour la recherche de nouvelles lignées ou cultivars, en raison du caractère fortement hétérozygote des plantes en culture.

Il est pratiqué en pépinière, au printemps, pour obtenir de petits bulbes en fin du cycle, en automne, de 2 à 3 cm de circonférence.

Il faudra deux années supplémentaires pour obtenir des bulbes de calibre suffisant pour justifier leur culture pour la floraison.

4.3. Multiplication *in vitro*

Depuis 1970, la multiplication *in vitro* du glaïeul (*Gladiolus grandiflorus* Hort.) a été étudiée par plusieurs chercheurs (Ziv, 1979 ; Hussey, 1977 ; Steinitz *et al.*, 1991 ; Bajaj *et al.*, 1992 ; Bettaieb 2003…).

La multiplication *in vitro* du *Gladiolus* a été réalisée à partir de bourgeons axillaires (Boonvanno et Kanchanapoom, 2000 ; Begum et Haddiuzaman, 1995), apex (Hussain *et al.*, 2001), cormes (Nagaraju et Parthasarathy, 1995) et inflorescence (Ziv et Lilien-Kipnis, 2000).

La multiplication *in vitro* est basée sur le développement de bourgeons axillaires préexistants après leur mise en culture sur un milieu contenant une cytokinine qui lève la dormance apicale et empêche la bulbification (Begum et

10

Hadiuzzaman 1995 ; Grewal *et al.,* 1995 ; Sen et Sen, 1995 ; Churvikova et Barykina, 1995).

Le déclenchement ou la stimulation du bourgeonnement axillaire en culture *in vitro* résulte de l'emploi de cytokinines, éventuellement associées aux auxines (Margara, 1984). La néoformation de bourgeons exige un rapport cytokinines/auxines élevé.

Tan Nhut *et al.* (2004) ont obtenu des bourgeonnements axillaires chez le glaïeul en utilisant la Benzyladénine (BA) à une gamme de concentrations comprises entre 2.2 et 4.5µM.

Dans une autre étude et après des essais de plusieurs combinaisons hormonales BA/AIB, le meilleur bourgeonnement est obtenu avec un rapport BA/AIB égal à 4 (Bettaieb, 2003).

La multiplication *in vitro* du glaïeul peut se faire aussi par la régénération de plants à partir de cals.

Les premiers vitrovariants ont été obtenus chez le glaïeul, après callogenèse et régénération de tissu somatique par Kamo (1994). Sibi (1974) considère que la phase de callogenèse est supposée un facteur de variabilité, en effet, la variation somaclonale est importante dans les cals et les suspensions cellulaires. Cette voie constitue une source originale de variabilité permettant de sélectionner des caractères nouveaux.

Les plants provenant de la régénération peuvent ne pas être conformes aux plantes mères. En effet, la callogenèse est une source de variation contrairement à la multiplication par division des pousses axillaires, appelée « multiplication conforme », car elle part de méristèmes préexistants dont les cellules sont génétiquement très stables. En effet, d'après Ziv et Lilien-Kipnis (1990), le milieu le plus favorable à la callogenèse est le milieu de Murashige et Skoog (1962) avec de fortes concentrations en ANA ou en 2,4-D.

Bettaieb (2003) a monté que la présence de 2,4-D ou d'ANA à des concentrations de 0,5 à 4 mg.l^{-1} induit une forte callogenèse. Giglou et

Hajieghrari (2008) ont montré que le milieu MS avec 2,4-D 1 mg.l^{-1} et 3% de saccharose, est favorable à la production de cals.

Bajaj *et al.* (1983) ont étudié la callogenèse chez le glaïeul à partir de différents explants : inflorescence, tiges de fleurs, début de fleur, bractée, périanthe et segments de feuille. La meilleure callogenèse a été observée chez les segments de tiges florales. La meilleure production de pousses par explant a été réalisée sur un milieu contenant du BA 0,5 à 1 mg.l^{-1}, du saccharose 6 à 9% et la culture est conduite à une température de 15 °C.

Kasumi *et al.* (1999) ont observé que l'embryogenèse somatique à partir de la tige entraîne des variations de la couleur des fleurs des plantes régénérées. La fréquence la plus élevée des embryons somatiques a été induits en milieu MS complété d'ANA 5 mg.l^{-1}.

Pour l'enracinement et la bulbaison, l'utilisation d'une balance hormonale riche en auxine est souvent nécessaire. Le comportement d'un explant mis en milieu contenant un rapport auxines/cytokinines élevé évolue vers la rhizogenèse.

L'enracinement et la bulbaison *in vitro* sont obtenus après un séjour dans un premier milieu gélosé composé du milieu Murashige et Skoog (MS) additionné d'AIB 0,5 mg.l^{-1} et 30 jours plus tard, dans le même milieu mais sans agar et riche en saccharose 6% (Bettaieb, 2003).

La micropropagation du glaïeul est possible à partir de bourgeons apicaux prélevés à partir de cormes. L'initiation et la multiplication *in vitro* de cette plante sont réalisées sur un milieu de base MS additionné de BA 2 mg.l^{-1} et AIB 0,5 mg.l^{-1}.

Un milieu de culture additionné de BA 1 mg.l^{-1} favorise le même taux de multiplication mais les pousses obtenues sont en grande partie (40 à 45%) de faibles longueurs (inférieures à 0,5 cm) (Bettaieb, 2003).

II. Sélection *in vitro* de génotypes tolérant la salinité

La culture de tissus végétaux en présence de NaCl ne reflète pas toujours la complexité des problèmes liés à la salinité et il n'existe pas de corrélation automatique entre le comportement *in vitro* et celui de la plante entière, (Bourgeais *et al.,* 1987 cités par Piri *et al.,* 1994).

Le degré de tolérance au stress salin, exprimé *in vitro*, par les cellules ne reflète pas toujours correctement le degré de résistance de la plante entière à cette contrainte. Il semble en effet que la tolérance à la salinité soit plus en relation avec l'intégration des fonctions physiologiques au niveau de l'organisme entier qu'avec des caractéristiques exclusivement cellulaires (Zid et Grignon, 1991). Dans certaines situations, le caractère de résistance, exprimé *in vitro*, peut se retrouver chez la plante entière régénérée. Toutefois, ces résultats sont limités actuellement à certaines espèces, comme la tomate (Liu et Li, 1991), le tabac (Sumaryati *et al.,* 1992), la pomme de terre (Hannachi, 1997) et l'œillet (Haouala 1999). Par ailleurs, les relations étroites entre les deux niveaux d'organisation peuvent être influencées par différents facteurs, comme le génotype, les conditions de culture, le nombre de subcultures ainsi que la nature de l'explant (Perez-Alfocea *et al.,* 1996). Les méthodes de sélection des cals ou des cellules isolées, mis en présence de solutions salines pendant des durées plus ou moins longues, peuvent être progressives ou brutales.

1. Explants utilisés

Différents types d'explants sont utilisés pour l'induction de cals et la régénération *in vitro*.

La culture *in vitro* peut être obtenue par deux voies:

* La culture d'organes ou de fragments d'organes (bourgeons, fragments de feuilles, de nœuds, d'entre-nœuds, de tige, de racine…). Le fragment prélevé appelé explant est repiqué sur un milieu de culture en conditions aseptiques pour obtenir le développement d'organes préexistants.

* La dédifférenciation des tissus végétaux en cals (amas de cellules indifférenciées)

La régénération de plants peut être obtenue à partir de cals issus de différents types d'explants : inflorescence (Ziv *et al.,* 1970), méristème apical (Logan et Zettler, 1985), bourgeons axillaires (Lilien-Kipnis et Kochba, 1987), feuilles basales et parties du   bulbe (Kamo, 1994).

Les explants, généralement utilisés, sont constitués des bourgeons apicaux prélevés sur les cormes. La culture d'apex méristématiques associée à la micropropagation est aussi utilisée chez cette espèce pour l'obtention de plantes indemnes de virus (Lilien-Kipnis et Kochba, 1987 ; Bajaj *et al.,* 1992).

2. Modalités d'application de la pression sélective

L'emploi des techniques de sélection *in vitro* s'est avéré efficace pour isoler des lignées cellulaires tolérantes à la salinité. Des plantes entières ont été régénérées à partir de lignées cellulaires sélectionnées pour leur résistance à la salinité et la transmission de ce caractère de tolérance à leur descendance a été observée notamment chez le tabac (Nobors *et al.,* 1980), le colza (Jain *et al.,* 1990), le Coleus (Collin *et al.,* 1990) et l'œillet (Haouala, 1999).

L'application du stress *in vitro* peut être effectuée soit brutalement, soit de façon progressive. Dans le premier cas, l'utilisation de doses létales d'un agent stressant entraîne la mort de la majorité des cellules de l'explant. C'est le cas d'une suspension cellulaire de pomme de terre cultivée en présence de NaCl 21 g/l (Sabbah et Tal, 1990) et de PEG 200 g/l (Leone *et al.,* 1994). Par contre, l'augmentation progressive de la concentration de l'agent stressant avec les repiquages successifs permet l'acclimatation des cellules et l'apparition d'une variabilité orientée (Hannachi, 1997). Chez la tomate, l'addition fractionnée de l'agent stressant permet d'éviter des chocs osmotiques et d'exercer une pression de sélection graduelle favorisant la mise en place des mécanismes d'acclimatation chez les individus survivants (Shiya, 1992).

La sélection *in vitro* peut s'appliquer à des protoplastes, des cellules ou des cals cellulaires. Toutefois, la pression sélective exercée sur les cals est généralement de plus en plus de longue durée, car toutes les cellules qui forment le cal ne sont pas uniformément exposées au sel, ce qui entraîne la régénération de plantes sensibles ou chimériques (Piri, 1991).

Chez la pomme de terre, un tel risque peut être réduit par la diminution de la taille de l'explant, soit en fragmentant le cal (Hannachi, 1997), soit en utilisant des protoplastes (Gronwald et Leonard, 1982) ou des cellules en suspension (Amzallag *et al.*, 1995).

3. Acquisition et stabilité de la tolérance à la salinité

Des lignées cellulaires capables de proliférer indéfiniment en présence de sel ont été isolées chez de nombreuses espèces (Nabors *et al.*, 1980). Cependant, la tolérance au sel des cellules peut persister ou non après leur transfert sur un milieu dépourvu de sel (Bourgeais *et al.*, 1990). Dans certains cas, la croissance des cals obtenus sous pression de sélection saline est aussi bonne que celle des cals cultivés sur milieu non salé. De plus, ces lignées tolérantes se développent mieux en présence de sel qu'en son absence (Pius *et al.*, 1993).

Pour la tomate, des cellules adaptées au sel, transférées sur milieu dépourvu de NaCl, puis remises en contact du sel, présentent la même activité de croissance que des cellules témoins cultivées en permanence sur un milieu non salé. Des résultats comparables ont été obtenus chez la pomme de terre par Sabbah et Tal (1990). Ces derniers pensent que NaCl n'inhibe pas la croissance des cellules déjà adaptées, et qu'il peut même stimuler la production de matière sèche par rapport aux témoins (Leone *et al.*, 1994). Ceci suggère que la tolérance à la salinité acquise à l'échelle cellulaire est transmissible pendant les repiquages successifs et qu'elle se maintient dans le temps (Rahman et Kaul, 1989).

Pour apprécier l'opportunité d'une sélection pratiquée *in vitro* pour la tolérance au sel, il convient de préciser si une résistance qui s'exprime au niveau cellulaire s'observe également au niveau de la plante entière (Haouala, 1999).

Plusieurs travaux ont montré qu'il existe généralement une corrélation positive entre la réponse à la salinité des plantes entières et celle des cals (Piri, 1991 ; Hannachi, 1997 ; Haouala, 1999).

Le manque de corrélation entre la tolérance au sel au niveau cellulaire et celle exprimée au niveau de plante entière est la raison principale de la limitation de la réussite de la sélection *in vitro* de la plantes tolérantes à la salinité (Dracup, 1991). De plus, les caractéristiques de résistance observées chez les plantes régénérées ne peuvent avoir un intérêt agronomique que si elles se maintiennent au cours des générations successives.

III. Tolérance des plantes à la salinité

La tolérance ou la sensibilité des plantes à la salinité varie considérablement, non seulement selon l'espèce, mais aussi fortement selon les conditions culturales dans lesquelles la plante pousse. Ainsi, la plante, le sol l'eau d'irrigation et l'environnement interagissent pour influencer la tolérance d'une plante à la salinité.

1. Action de la salinité sur la croissance *in vitro*

La salinité limite la croissance des plantes cultivées *in vitro*. Pour l'œillet (*Dianthus caryophyllus*), le sel provoque un ralentissement de la callogenèse et une inhibition marquée de la croissance cellulaire et de la régénération des pousses. En effet, en présence de NaCl 100 mM, le taux de régénération est très faible et ne dépasse pas 1‰.

De même, dans ces conditions, le taux d'enracinement des pousses régénérées est réduit de 29% par rapport au témoin (Haouala, 1999).

Chez la pomme de terre, Hannachi (1997) montre qu'une concentration en NaCl dépassant 3g.l[-1] inhibe la régénération des pousses à partir des cals. La moitié de cals ne forment pas de pousses en présence de NaCl 1,5 g.l[-1].

La salinité affecte le bourgeonnement axillaire des deux cultivars de glaïeul cv. Ben Venuto et Chinon. En effet, le nombre de pousses régénérées est affecté par la salinité et devient nul sur NaCl 150 mM. La présence d'une concentration élevée de sel dans le milieu induit donc une perte du potentiel de prolifération des explants (Salhi, 2007).

L'enracinement *in vitro* des pousses de glaïeul est fortement affecté par la salinité et le pourcentage d'enracinement, le nombre et la longueur des racines sont nettement diminués par le sel. Le cultivar Chinon manifeste généralement une meilleure tolérance relative à la salinité que Ben Venuto. La salinité affecte aussi la bulbaison du glaïeul (Salhi, 2007).

2. Mécanismes de la tolérance à la salinité chez les végétaux

2.1. Les halophytes et les glycophytes

Une large gamme de mécanismes qui ne sont pas exclusifs l'un de l'autre, mais qui peuvent se compléter. Diverses classifications des mécanismes de tolérance au sel ont été élaborées.

La tolérance à la salinité est très variable selon les végétaux. On peut y distinguer deux grandes catégories de végétaux à comportement opposé : les halophytes qui vivent dans des milieux salés et qui tolèrent des concentrations relativement élevées en sel et les glycophytes qui se développent, au contraire, dans des milieux peu salés et qui ne tolèrent que des concentrations peu élevées en NaCl.

Entre ces deux extrêmes, il y a une gamme de plantes à comportements intermédiaires (Gorham, 1996). La plupart des espèces d'intérêt agronomique sont rangées dans le groupe des glycophytes, plantes dites sensibles au sel parce que leur croissance est diminuée en présence de sel.

A l'inverse, un certain nombre de plantes dites halophytes sont naturellement tolérantes au sel et poussent aussi bien, voire mieux, dans un environnement salin qu'en conditions normales.

Chez les halophytes, cette adaptation leur permet d'absorber de grandes quantités d'ions tout en maintenant la turgescence cellulaire et en évitant leur toxicité grâce à une compartimentation cellulaire et l'accumulation dans la vacuole ; l'équilibrage osmotique du cytoplasme étant assuré par une synthèse active de composés organiques solubles (Piri *et al.*, 1994).

Wyn Jones *et al.* (1978) ont proposé un modèle pour expliquer le mécanisme au niveau cellulaire de la tolérance au sel des plantes halophytes. D'après ces auteurs, pour des concentrations de 100-200 mM NaCl, le cytoplasme accumule l'ion K^+ et maintient des taux relativement faibles en Na^+ et Cl^-. Au-delà de ces concentrations, quand la pression osmotique du cytoplasme est très importante, une solution organique non toxique, dont la nature chimique diffère selon les espèces, peut y être accumulée. Cette compartimentation est vite submergée par une absorption massive de Na^+ et Cl^- à partir du milieu salin et indépendamment de la transpiration.

Pour les glycophytes, Greenway et Munns (1980) suggèrent que leur croissance se ralentie lorsque la concentration saline du milieu externe dépasse 100 mM, et la salinité devient létale à partir de 300 mM.

2.2. Les *excluders* et les *includers*

Sous contrainte saline les plantes adoptent deux types de stratégies adaptatives : l'exclusion du sel (plantes *excluders*) et l'inclusion du sel (plantes *includers*).

A l'échelle de la plante entière, les ions chlorure et sodium entrent par les racines, sont véhiculés par la sève xylémique jusqu'aux tiges et feuilles. Là, ils sont soit stockés (plante de type *includer*) soit très peu retenus et revéhiculés par la sève phloémique jusqu'aux racines (plante de type *excluder*).

Chez les *excluders*, l'adaptation consiste à éviter le stress hydrique interne en maintenant la turgescence cellulaire par la synthèse d'osmoticums organiques, l'augmentation de l'extensibilité des parois cellulaires et l'augmentation de la perméabilité racinaire à l'eau. Chez les *includers*, l'adaptation consiste soit à tolérer les fortes concentrations internes de sel et utiliser ce dernier pour l'ajustement osmotique nécessaire au maintien de la turgescence, soit à limiter l'accumulation de sel dans les organes photosynthétiques par le contrôle de l'exportation de Na^+ et Cl^- dans les parties aériennes.

3. Substances impliquées dans la tolérance au sel

3.1. La proline

La proline est un acide aminé qui s'accumule, aussi bien chez les glycophytes que chez les halophytes, où ils sont supposés restaurer l'équilibre osmotique entre le cytoplasme et la vacuole (Roudani, 1996). L'accumulation de la proline est l'une des stratégies adaptatives fréquemment observées chez les plantes pour limiter les effets du stress salin (Leprince *et al.,* 2003).

De nombreux travaux effectués sur des cellules en suspension (Nabors *et al.,* 1980) ou des plantes entières (Jain *et al.,* 1990), indiquent que l'accumulation de proline est corrélée à la tolérance au NaCl. Cependant, la contribution de la proline dans l'ajustement osmotique reste ambigue, car pour certains auteurs, cette contribution n'a pas une grande signification chez les glycophytes.

3.2. Les polyamines

De nombreux auteurs suggèrent que les polyamines, essentiellement la spermidine et la spermine (Santa-Cruz *et al.,* 1999) sont impliquées dans les réponses aux différents types de stress abiotiques (Turano et Kramer, 1993) notamment le stress salin. Angeles *et al.* (2000) montrent que l'addition de polyamines exogènes confère à la plante une certaine protection contre le stress.

Cependant, Serrano *et al.,* 1997 affirment que l'augmentation du niveau de ces polyamines n'est pas nécessairement liée à un mécanisme de protection contre le stress salin, mais pourrait être la conséquence des perturbations métaboliques liées à ce type de stress.

3.3. Les glycines-bétaines

Les glycines-bétaines sont reconnus comme étant des osmolytes compatibles, abondants chez les plantes supérieures (Hanson et Buret, 1994). Elles exercent une action osmoprotectrice, fortement impliquée dans l'ajustement osmotique. Chez l'oignon, par exemple, l'application de glycine-bétaine exogène atténue les effets négatifs de NaCl sur les cellules épidermiques du bulbe (Mansour, 1998). De même, il a été démontré chez l'épinard, soumis à un stress salin, que l'élévation des teneurs en glycine-bétaine est liée à l'augmentation de la synthèse des précurseurs de la choline dont l'intensification du métabolisme peut participer au maintien des flux transmembranaires (Levigneron *et al.,* 1995).

3.4. Les sucres

La synthèse des sucres et de leurs dérivés (mannitol, sorbitol, pinitol, cyclitol, cicéritol) est stimulée par un stress salin. Ceci a été observé chez plusieurs espèces, par exemple, des jeunes plantes de pois chiche soumises à une contrainte saline synthétisent de fortes quantités de saccharose et d'un sucre alcool, le pinitol (Levigneron *et al.,* 1995).

Cette capacité de synthèse des produits organiques est également signalée chez une lignée de tabac où les sucres contribuent à 35% de l'ajustement osmotique. De plus, chez la tomate, la contrainte saline augmente la concentration cellulaire en sucres solubles et en saccharides totaux (Khavari et Mostafi, 1998).

3.5. Les protéines

Le stress salin peut induire des changements dans la synthèse et l'accumulation des protéines. En effet, les teneurs en protéines de certaines variétés de tomate augmente lorsque le milieu de culture est enrichi en NaCl (Bourgeais *et al.,* 1987). Chen et Plant (1999) ont montré que, lors de l'application d'un stress salin à des racines de tomate, certains polypeptides sont néosynthétisés; d'autres deviennent plus abondants, alors que la synthèse de quelques uns est réprimée.

Auparavant, Bourgeais *et al.* (1987) ont observé une augmentation de la masse protéique chez de jeunes plants de tomate adaptés à NaCl, cette augmentation étant plus marquée dans les racines que dans les parties aériennes. La synthèse de nouveaux polypeptides est également mise en évidence chez le tabac exposé au sel.

MATERIEL ET METHODES

Nous présentons dans cette partie, le matériel végétal et les méthodes relatives aux différentes étapes de nos recherches réalisées *in vitro*.

1. Matériel végétal

Le matériel végétal utilisé est constitué de bulbes de glaïeul de calibre 10/12 cm provenant des Pays-Bas. Il s'agit de deux cultivars de glaïeul à grandes fleurs (*Gladiolus grandiflorus Hort.*) : ChaCha (**figure 4**) et Priscilla (**figure 5**).

- **ChaCha** : Plante longue, à croissance rapide et à fleur jaune vif

Figure 4: Inflorescence du cultivar 'ChaCha'.

- **Priscilla :** la plante est très vigoureuse, à pétales roses bordés de rouge, à centre jaune.

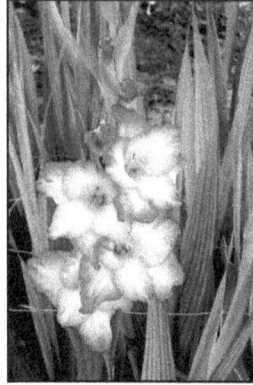

Figure 5: Inflorescence du cultivar 'Priscilla'.

Les explants utilisés sont constitués de:

- bourgeons apicaux de 4 à 5 mm de longueur prélevés à partir des bulbes,

- fragments de feuilles prélevées sur des vitroplants âgés de quatre semaines. Ces derniers sont issus des bourgeons apicaux cultivés *in vitro* sur le milieu de Murashige et Skoog (1962). Les feuilles sont coupées en fragments de 5 mm de côté, et déposés verticalement ou horizontalement, la face inférieure étant sur le milieu de culture.

D'autres types d'explants, issus de plantes cultivées en plein air, sont utilisés :

- fragments de feuilles (F) de 5 mm de côté prélevés sur la partie basale (FB), médiane (FM) ou apicale (FA) de la feuille, et déposés verticalement ou horizontalement sur le milieu de culture (**figure 6**),

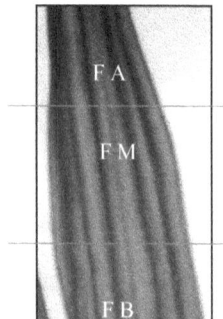

Figure 6: Différentes positions des explants foliaires.

- fragments de pétales (P) de 5 mm de côté prélevés sur la partie basale (PB), médiane (PM) ou apicale (PA) du pétale (**figure 7**),

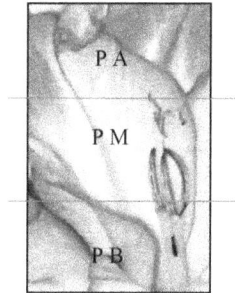

Figure 7: Différentes positions des explants de pétales.

- fragments de hampe florale (HF) de 5 mm de longueur et de 4 à 6 mm de diamètre,

- fragments d'épi floral (E.F) de 5 mm de longueur et de 2 à 4 mm de diamètre,

- fragments de bractée (Br) de 5 mm de côté,

- segments de pédoncule floral de 5 mm de longueur et de 2 à 3 mm de diamètre.

2. Milieux et récipients de culture

2.1. Milieux de culture

Le milieu de culture de base comprend les macroéléments, les micro-éléments et les éléments organiques de Murashige et Skoog (1962) additionné du saccharose 30 g.l^{-1} et solidifié par l'agar-agar 8 g.l^{-1} (milieu MS). A ce milieu de culture, différentes combinaisons hormonales sont ajoutées.

Tableau 1 : Composition du milieu de Murashige et Skoog utilisé dans les cultures *in vitro* (mg.l^{-1}).

Elément	Quantité ($mg.l^{-1}$)
* macroéléments	
KNO_3	1900
$MgSO_4$, 7 H_2O	370
KH_2PO_4	170
$CaCl_2$, 2 H_2O	440
NH_4NO_3	1650
* microéléments	
$MnSO_4$, 4H_2O	22,3
$ZnSO_4$,7H_2O	8,6
H_3BO_4	6,2
KI	0,83
Na_2MoO_4,2H_2O	0,250
$CuSO_4$,5H_2O	0,025
$CoCl_2$,6H_2O	0,025
* éléments organiques (vitamines)	
Pyridoxine-HCl	0,50
Myoinositol	100
Acide nicotinique	0,50
Thiamine-HCl	0,1
Glycine	2
$FeSO_4$ 7H_2O	27,8
Na_2EDTA	37,3

2.2. Régulateurs de croissance

Les hormones utilisées sont : L'acide 2,4-dichlorophénoxyacétique (2,4-D), l'acide naphtalène-acétique (ANA) et la benzyl-adénine (BA). La BA est dissoute dans quelques gouttes de KOH alors que les auxines sont dissoutes dans l'éthanol.

2.3. pH du milieu

Le pH des milieux de culture est ajusté à 5,8 par KOH ou HCl 0,1 ou 1N avant l'addition de l'agar-agar.

2.4. Récipients de culture

Les bourgeons apicaux prélevés sur les bulbes sont inoculés dans des tubes à essai en verre pyrex de 24 mm de diamètre et 150 mm de longueur. Leur obturation est assurée par des capuchons plastiques et chaque tube contient 15 ml de milieu.

Pour la callogenèse à partir de fragments de feuilles prélevées sur des vitroplants et pour la callogenèse à partir des autres types d'explants, nous utilisons les tubes à essai décrits précédemment.

Pour la régénération à partir de cals, les explants sont mis dans des bocaux en verre d'un volume de 380 ml. Leur obturation est assurée par des couvercles en polycarbonate et chaque bocal contient 100 ml de milieu.

2.5. Stérilisation des milieux et des récipients de culture

2.5.1. Stérilisation des milieux de culture

Les milieux préparés sont stérilisés dans une autoclave (Autester SE 437 PDRY) à une température de 120°C et sous une pression de 1 bar pendant 20 minutes.

2.5.2. Stérilisation des récipients de culture

Les tubes à essai et les bocaux sont bien nettoyés à l'eau courante additionnée de quelques gouttes de javel et de savon liquide (dinol) afin de les débarrasser des impuretés. Ils sont ensuite rincés à l'eau distillée puis stérilisés par autoclavage (120°C pendant 40 minutes).

2.5.3. Stérilisation du matériel de repiquage

Le matériel de repiquage et de dissection (pinces, scalpels, papier, eau...) est autoclavé à une température de 120°C et sous une pression de 1 bar, pendant 40 min. Au cours des manipulations, chaque outil utilisé est trempé dans l'alcool 70° et flambé à l'aide d'un bec benzène.

3. Technique de la culture *in vitro*

3.1. Désinfection du matériel végétal

Les bulbes des deux cultivars sont nettoyés soigneusement, par l'élimination des feuilles sèches, puis bien rincés à l'eau courante. Sous une hotte à flux laminaire, ces bulbes sont trempés d'abord dans l'alcool à 70° pendant quelques secondes puis dans une solution d'hypochlorite de sodium à 10% pendant 10 min. Les bulbes sont ensuite soumis à 3-4 rinçages successifs à l'eau distillée stérilisée.

La désinfection des explants prélevés sur des plantes cultivées en plein air est faite dans les mêmes conditions que précédemment.

Toutes les étapes de stérilisation du matériel végétal sont effectuées dans des conditions aseptiques sous une hotte à flux laminaire.

Le repiquage des différents explants est effectué en respectant leur polarité.

3.2. Conditions de culture

Les cultures sont placées dans une chambre de culture climatisée sous un éclairement et une température contrôlés. La température est maintenue à 24 ± 1°C.

L'éclairement est assuré par des tubes fluorescents assurant une intensité lumineuse de 35 $\mu mol.m^2.s^{-1}$. La photopériode est de 16 h d'éclairement pour les phases d'initiation et de régénération. La phase de callogenèse est conduite à l'obscurité totale.

4. Protocoles expérimentaux et observations

4.1. Initiation de la culture *in vitro*

Les explants initiaux utilisés sont des bourgeons apicaux de 4 à 5 mm de longueur, prélevés sur les bulbes. Pour leur initiation, 2 milieux sont testés :

- M1 = MS
- M2 = MS + 2,4-D 1 mg.l^{-1}

Les bourgeons apicaux sont placés individuellement dans des tubes à essai. Le nombre d'explants par traitement est de 24.

4.2. Callogenèse

Huit milieux de callogenèse (MC) sont testés :

- MC1 = MS
- MC2 = MS + 2,4-D 1 mg.l^{-1}
- MC3 = MS + 2,4-D 2 mg.l^{-1}
- MC4 = MS + 2,4-D 3 mg.l^{-1}
- MC5 = MS + ANA 1 mg.l^{-1}
- MC6 = MS + ANA 2 mg.l^{-1}
- MC7 = MS + ANA 5 mg.l^{-1}
- MC8 = MS + ANA 10 mg.l^{-1}

Les explants sont placés individuellement dans des tubes à essai. Le nombre d'explants par traitement est de 10.

4.3. Régénération des pousses

Pour la régénération, les explants sont des cals issus des bourgeons apicaux, des fragments de feuilles et des pédoncules floraux. 4 milieux de régénération (MR) sont utilisés :

- MR1 = MS + BA 0 mg.l^{-1}
- MR2 = MS + BA 0,5 mg.l^{-1}
- MR3 = MS + BA 1 mg.l^{-1}
- MR4 = MS + BA 2 mg.l^{-1}

Chaque bocal contient 5 cals, avec trois répétitions par traitement.

L'environnement est caractérisé par une photopériode de 16h, une intensité lumineuse de 35 µmol.m^{-2}.s^{-1} et une température de 24 ± 1°C.

4.4. Régénération des pousses sous contrainte saline

Pour la régénération sous stress salin, le milieu le plus favorable à la régénération des pousses en absence de stress est additionné de différentes doses de NaCl : 0, 50, 100 et 150 mM. La régénération est faite dans les mêmes conditions que précédemment.

4.5. Mesures et Observations

Les observations concernant l'initiation de la culture ont porté sur le taux de bourgeonnement, la formation de cals, l'enracinement et la bulbaison des explants.

Les mesures et observations effectuées lors de la phase de callogenèse sont :

✓ Aspect et morphologie des cals issus des différents explants (couleur, texture…) ;

Pour la régénération des pousses, les mensurations portent sur :

✓ le taux de bourgeonnement;

✓ le nombre de bourgeons néoformés ;

✓ le nombre de pousses ;

✓ le nombre de cals viables.

5. Analyses statistiques

Les résultats sont soumis à l'analyse de la variance et à la comparaison des moyennes par le test de 'Duncan' en utilisant le logiciel "SPSS".

RESULTATS

Chapitre I

Initiation *in vitro* des bourgeons apicaux

1. Introduction

La culture des explants dépend étroitement de la nature des régulateurs de croissance (cytokinines, auxines) et de leurs concentrations dans le milieu.

Dans ce chapitre, nous étudierons la réaction des bourgeons apicaux de glaïeul après 12 semaines de culture dans des milieux avec et sans auxines.

Un protocole de désinfection des explants sera également mis au point.

Après désinfection, les bourgeons apicaux prélevés sur les bulbes sont inoculés dans deux milieux d'initiation différents :

- M1 = MS (celui de Murashige et Skoog additionné de saccharose 30 g.l^{-1} et d'agar-agar 8 g.l^{-1}).
- M2 = MS + 2,4-D 1 mg.l^{-1}.

2. Résultats

2.1. Désinfection du matériel végétal

Il est essentiel de débarrasser l'explant mis en culture de toutes les sources de contaminations sans que les cellules végétales soient abimées. D'autre part, la réussite de la culture *in vitro* dépend aussi des conditions de culture et du matériel utilisé (milieu de culture, récipients, instruments...). Plusieurs protocoles de désinfection ont été testés. Les résultats sont présentés dans le **tableau 2**. La désinfection par l'hypochlorite de sodium (NaOCl$_2$) à 10% pendant 10 min, était inefficace puisque nous avons constaté, après 5 jours, une infection généralisée, ce qui a nécessité de tester le bichlorure de mercure (HgCl$_2$) à 0,1% pendant 10 min. Avec ce produit, on constate également après 10 jours une infection généralisée. L'utilisation de l'hypochlorite de sodium et du bichlorure de mercure ensemble réduit le taux d'infection qui est de 30% pour 'ChaCha' et de 25% pour 'Priscilla'.

L'utilisation de l'eau oxygénée (H_2O_2) à 10% et du bichlorure de mercure à 0,1% est parfaitement efficace et nous n'avons enregistré aucune infection.

Les résultats obtenus nous permettent de tirer les conclusions suivantes:

- le taux d'infection dépend de la concentration du produit et du temps de désinfection,

- un temps de trempage plus long avec l'hypochlorite de sodium, le bichlorure de mercure ou l'eau oxygénée provoque la nécrose rapide des explants. La réduction du temps de désinfection, par contre, entraîne une augmentation du pourcentage d'infection.

Le protocole de désinfection à suivre pour les divers explants de glaïeul sera donc :

- Elimination des feuilles sèches des bulbes ;
- Lavage à l'eau courante additionnée de quelques gouttes de javel, et de savon liquide (dinol);
- Trempage dans l'alcool 70° pendant quelques secondes ;
- Rinçage à l'eau distillée stérilisée ;
- Trempage dans une solution d'eau oxygénée à 10% pendant 10 min ;
- 2 rinçages successifs à l'eau distillée stérilisée de 15 min chacun
- Trempage dans une solution de bichlorure de mercure à 0,1% pendant 10 min ;
- 4 rinçages successifs à l'eau distillée stérilisée de 15 min chacun.

Tableau 2 : Effet de différents protocoles de désinfection sur le taux d'infection des explants des deux cultivars de glaïeul 'ChaCha' et 'Priscilla'.

Désinfectant / Cultivar	$NaOCl_2$ (10%, 10min)	$HgCl_2$ (0,1%,10 min)	$NaOCl_2$ (10 %, 10min) et $HgCl_2$ (0,1%,10 min)	H_2O_2 (10 %, 10 min) et $HgCl_2$ (0,1%,10 min)
ChaCha	100	100	30	0
Priscilla	100	100	25	0

Les pourcentages sont calculés sur un effectif de 24 explants par cultivar.

2.2. Initiation de la culture

Le débourrement des bourgeons sur les milieux M1 et M2 est rapide et se fait 3 jours après le repiquage des explants.

Sur le milieu M2 contenant le 2,4-D, la formation de cals concerne 100% des bourgeons des 2 cultivars. Par contre, sur le milieu M1 dépourvu d'hormones, la callogenèse est de 16,6 et 20,8% respectivement pour les cultivars 'ChaCha' et 'Priscilla' (**tableau 3**).

L'enracinement des explants est généralisé (100%) sur les deux milieux et pour les deux cultivars mais il était plus rapide sur le milieu M1 sans hormone. Sur ce milieu, le développement des bourgeons axillaires se fait à un taux de 8.33 et de 12.5%, respectivement pour les cultivars 'ChaCha' et 'Priscilla'. Aucun bourgeonnement n'a été observé sur le milieu M2. La bulbaison de toutes les pousses a été réalisée sur les 2 milieux. Les **figures 8, 9 et 10** illustrent les différents stades de l'évolution des bourgeons apicaux.

Tableau 3: Effet du 2,4-D sur le développement des bourgeons apicaux de glaïeul (*Gladiolus grandiflorus* Hort.), cv. 'ChaCha' et cv. 'Priscilla'. La durée de la culture est de 12 semaines.

Milieu de culture	Cultivar	Callogenèse (%)	Enracinement (%)	Bourgeonnement (%)	Bulbaison (%)
M1 (MS)	ChaCha	16,6	100	8,3	100
	Priscilla	20,8	100	12,5	100
M2 (MS + 2,4-D 1 mg.l^{-1})	ChaCha	100	100	0	100
	Priscilla	100	100	0	100

Les pourcentages sont calculés sur un effectif de 24 explants par traitement.

Figure 8 : Formation de racines sur les pousses feuillées issues des bourgeons apicaux de cormes de glaïeul (*Gladiolus grandiflorus* Hort.) cv. 'ChaCha' et cv. 'Priscilla' cultivés sur le milieu MS additionné de 2,4-D 1 mg.l^{-1}.

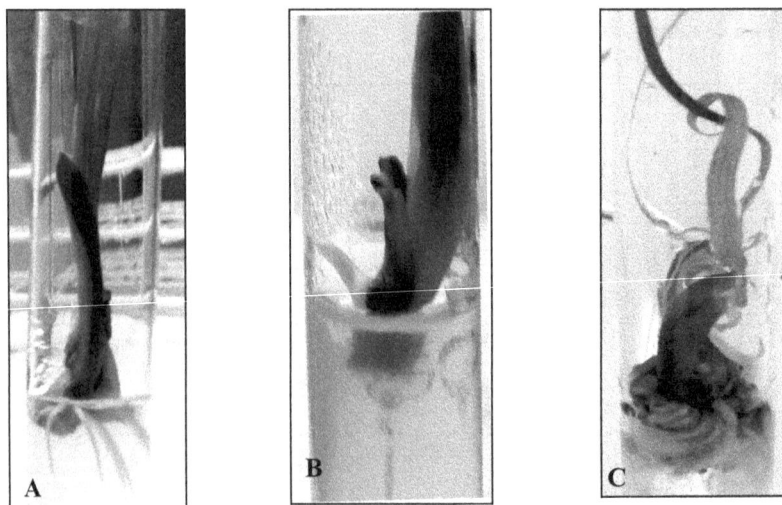

Figure 9 : Evolution des bourgeons apicaux de cormes de glaïeul (*Gladiolus grandiflorus* Hort.) cv. 'ChaCha' et cv. 'Priscilla' cultivés sur le milieu MS sans hormones. **A :** Formation de racines sur la pousse feuillée. **B :** Apparition de bourgeon axillaire **C :** Bulbaison de la pousse.

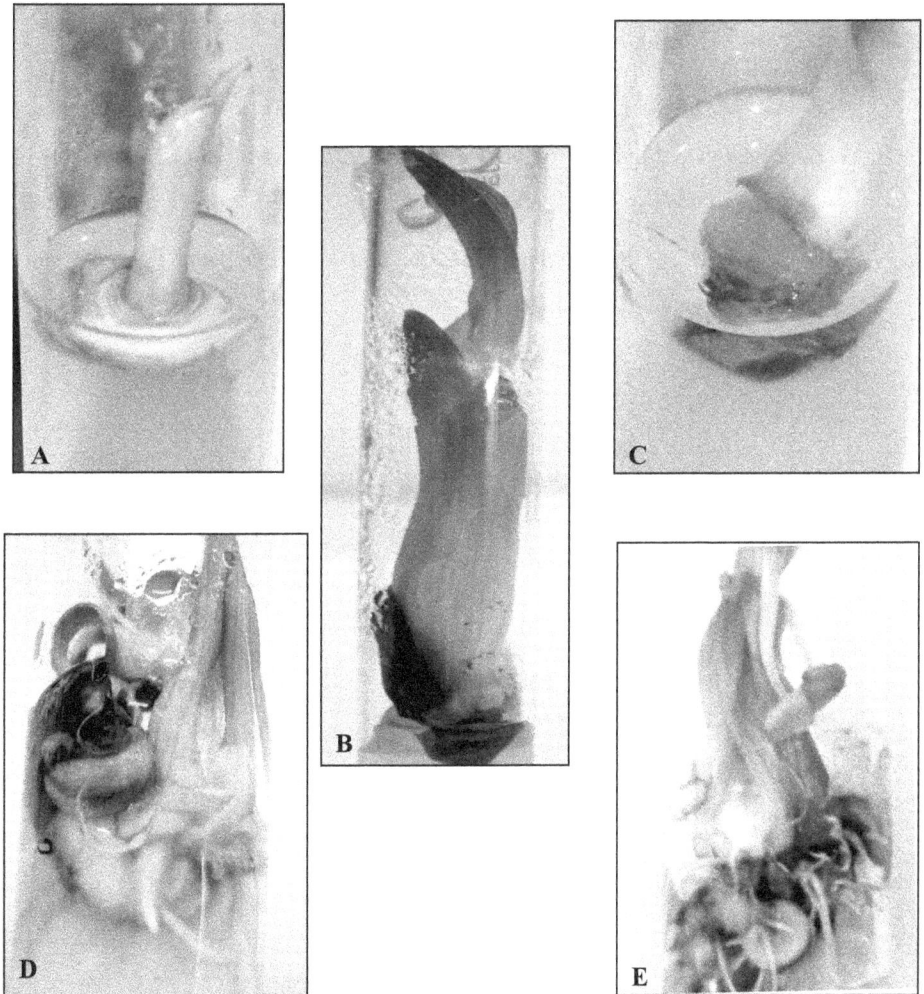

Figure 10 : Evolution des bourgeons apicaux de cormes de glaïeul (*Gladiolus grandiflorus* Hort.) cv. 'ChaCha' et cv. 'Priscilla' cultivés sur le milieu MS additionné de 2,4-D 1 mg.l⁻¹. **A** : Bourgeon apical de 0,5 cm de côté, **B** : Pousse feuillée, **C** : Apparition de cal. **D** : Formation de racines sur la pousse feuillée. **E** : Bulbaison de la pousse.

2.3. Callogenèse à partir des bourgeons apicaux

Les bourgeons apicaux sont cultivés dans un milieu de culture avec 2,4-D 1 mg.l^{-1}.

On observe un gonflement des explants après 10 jours de culture et une callogenèse généralisée est obtenue pour les deux cultivars après 4 semaines de culture (**figure 11**).

Les cals sont de couleur jaunâtre, non chlorophylliens de consistance friable et présentant des nodules.

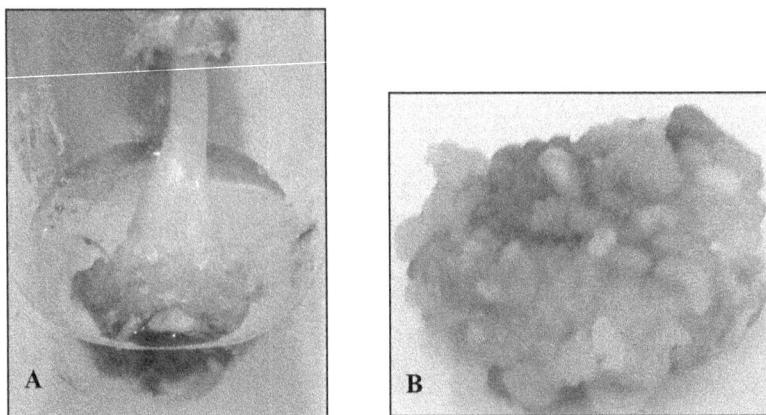

Figure 11 : Cal issu d'un bourgeon apical de glaïeul (*Gladiolus grandiflorus* Hort.). **A :** Gonflement et début de formation de cal. **B :** Cal formé à partir d'un bourgeon apical après 4 semaines de culture.

Conclusion

Nos résultats montrent que le taux d'infection dépend de la nature du produit et de la durée de désinfection. En tenant compte de ces paramètres, nous avons pu mettre au point une méthode de désinfection efficace pour le matériel végétal étudié. Nous avons constaté également que l'évolution de ces bourgeons dépend de la présence du 2,4-D dans le milieu de culture. Les bourgeons apicaux du glaïeul présentent une importante aptitude à la callogenèse.

Chapitre II

Induction de cals à partir de différents types d'explants

1. Introduction

Dans cette partie, nous étudierons la callogenèse à partir de divers types d'explants de glaïeul en présence de 2 auxines : 2,4-D (0, 1, 2, 3 mg.l^{-1}) et ANA (0, 1, 2, 5, 10 mg.l^{-1}).

Pour une meilleure induction des cals, les cultures ont été placées à l'obscurité pendant toute la phase de callogenèse. Chaque traitement comporte 5 explants et 2 répétitions.

Les observations ont porté sur la réponse des différents explants à la callogenèse et la description morphologique des cals.

2. Résultats

2.1. Callogenèse à partir des feuilles

2.1.1. Feuilles prélevées sur des vitroplants

Sur le milieu témoin dépourvu d'hormones, aucune callogenèse n'est observée et les explants se nécrosent.

On n'observe pas de différence entre les deux cultivars concernant les caractéristiques morphologiques des cals. Les cals issus de fragments de feuilles sont de couleur jaune-verdâtre, chlorophylliens, présentent des nodules et de texture friable.

Les cals apparaissent après 4 semaines de culture sur la partie périphérique de l'explant et après 8 semaines, ils sont observés sur sa totalité (**figure 12**).

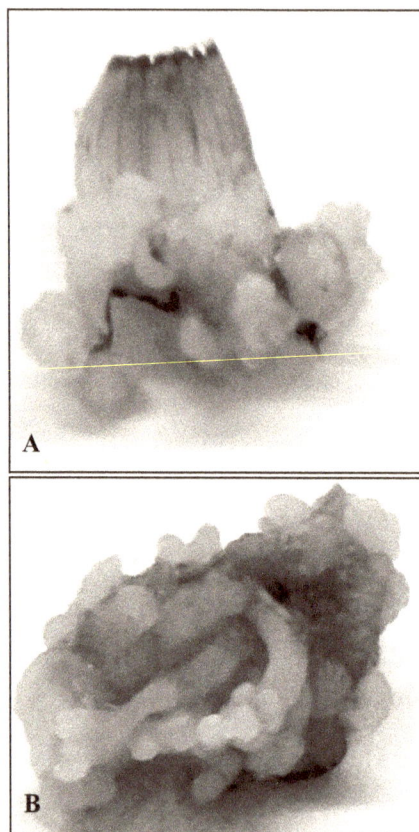

Figure 12 : Cal à partir de feuille prélevée sur des vitroplants de glaïeul (*Gladiolus grandiflorus* Hort.). **A :** Cal après 4 semaines de culture. **B :** Cal après 8 semaines de culture.

En absence d'auxines, on n'observe aucune callogenèse sur les explants. Le taux de callogenèse augmente avec la concentration du 2,4-D et il est le plus élevé en présence de 2,4-D 3 mg.l^{-1}. Il atteint 70 et 60% pour les explants placés horizontalement et de 30% pour ceux placés verticalement respectivement, chez ChaCha et Priscilla. Les explants placés horizontalement réagissent généralement plus favorablement à la callogenèse que ceux placés verticalement (**figures 13 et 15**). Le taux de callogenèse augmente aussi avec la concentration de l'ANA et est le plus élevée en présence d'ANA 5 mg.l^{-1}. Pour des concentrations plus importantes (10 mg.l^{-1}), la callogenèse est inhibée et n'est que de 10% pour le deux cultivars.

Pour la position de l'explant sur l'organe, les explants foliaires prélevés de la position apicale n'ont donné aucune callogenèse et ceci pour tous les traitements étudiés.

Pour la partie basale, la formation de cals augmente avec la concentration de l'auxine (2,4-D ou ANA), à l'exception pour l'ANA 10 mg.l^{-1} où la callogenèse est inhibée et n'est que de 10%. Pour cette concentration d'ANA, la position médiane des explants foliaires n'a pas permis de callogenèse.

Pour tous les traitements, les explants foliaires prélevés de la position basale sont plus favorable à la callogenèse que ceux de la position médiane (**figures 14 et 16**).

Le comportement des deux cultivars reste comparable. L'analyse de la variance montre une différence non significative entre les deux cultivars.

L'analyse de la variance révèle des différences hautement significatives pour l'effet de la concentration en auxine, de polarité et de position d'explants.

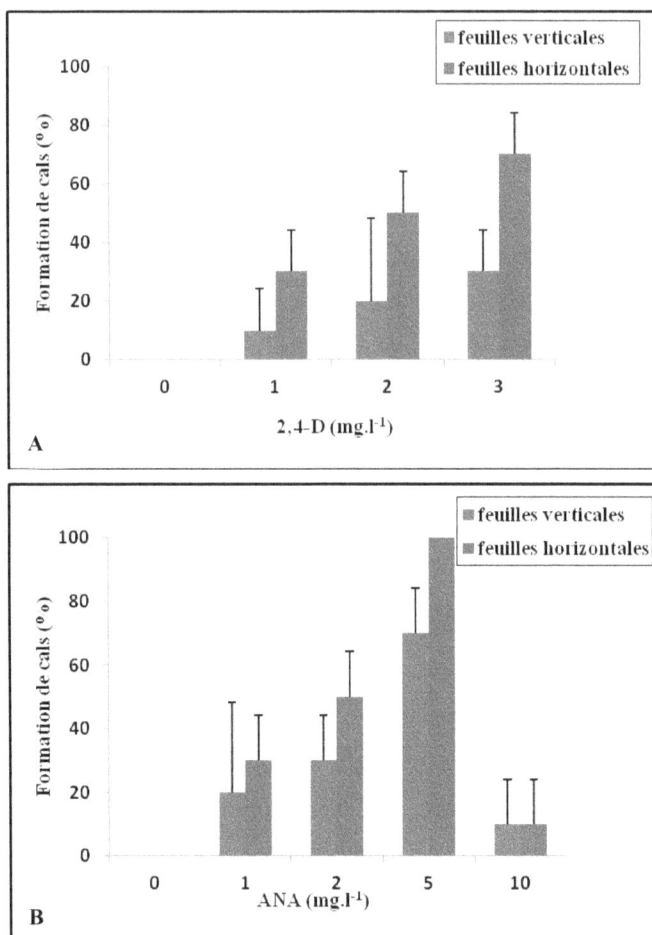

Figure 13 : Effet de la nature de l'auxine (**A** : 2,4-D ; **B** : ANA) et de la polarité de l'explant sur la formation de cals à partir de feuilles issues de vitroplants de glaïeul (*Gladiolus grandiflorus* Hort.) cv. 'ChaCha', cultivés *in vitro* pendant 2 mois.

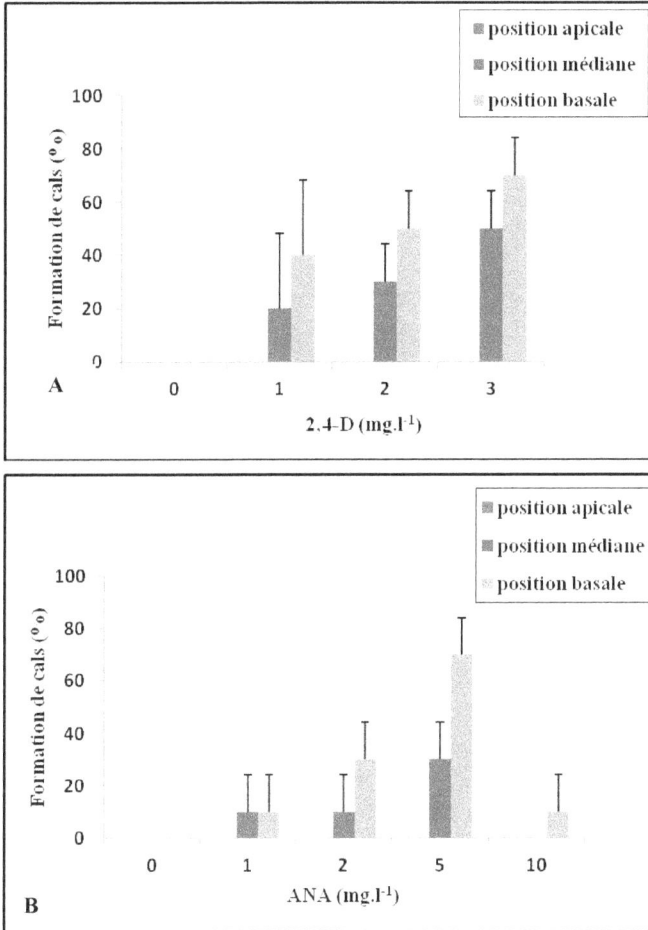

Figure 14 : Effet de la nature de l'auxine (**A** : 2,4-D ; **B** : ANA) et de la position de l'explant sur la formation de cals à partir de feuilles issues de vitroplants de glaïeul (*Gladiolus grandiflorus* Hort.) cv. 'ChaCha'. La durée de la culture est de 2 mois.

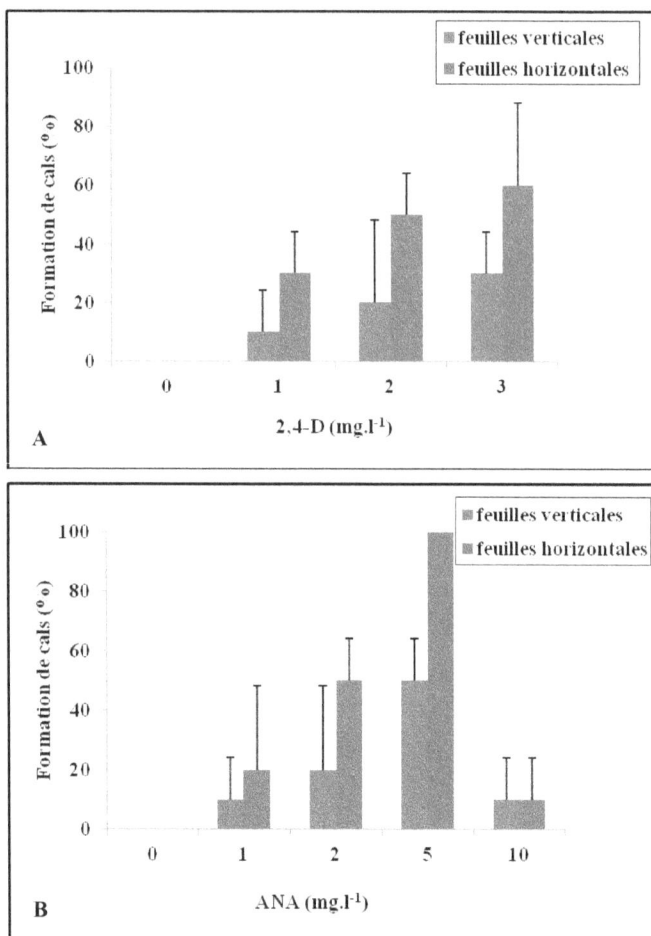

Figure 15: Effet de la nature de l'auxine (**A** : 2,4-D ; **B** : ANA) et de la polarité de l'explant sur la formation de cals à partir de feuilles issues de vitroplants de glaïeul (*Gladiolus grandiflorus* Hort.) cv. 'Priscilla', cultivés *in vitro* pendant 2 mois.

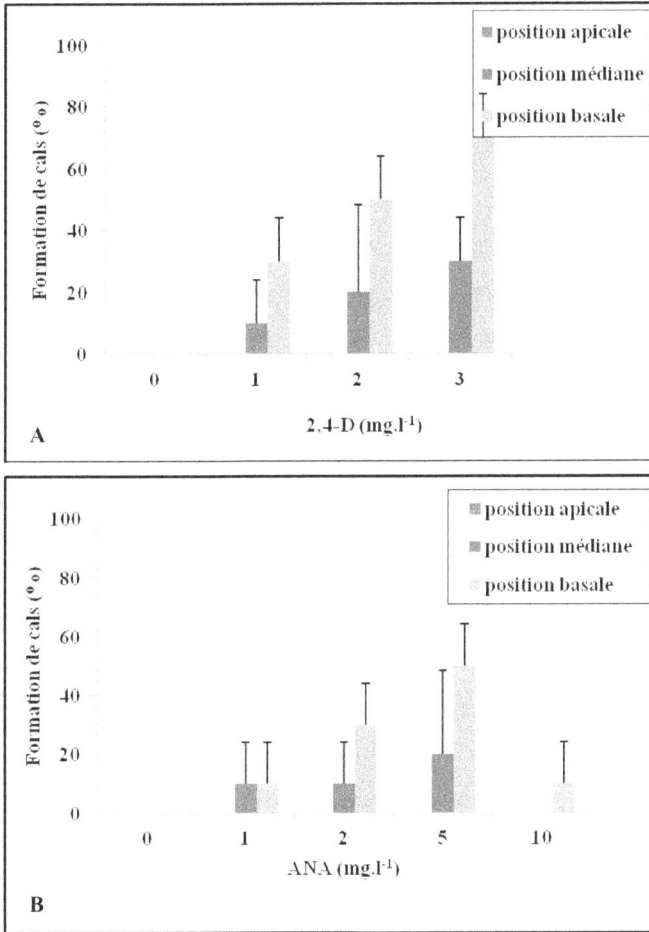

Figure 16 : Effet de la nature de l'auxine (**A** : 2,4-D ; **B** : ANA) et de la position de l'explant sur la formation de cals à partir de feuilles issues de vitroplants de glaïeul (*Gladiolus grandiflorus* Hort.) cv. 'Priscilla'. La durée de la culture est de 2 mois.

2.1.2. Feuilles prélevées sur des plantes cultivées en plein air

Pour les explants foliaires issus de plantes cultivées en plein air on n'observe aucune callogenèse en absence d'auxines. Le taux de callogenèse augmente avec la concentration du 2,4-D et il est le plus élevé avec 2,4-D 3 mg.l^{-1}.

Pour les deux cultivars, la callogenèse sur les explants déposés verticalement ne se déclenche que lorsque la concentration du 2,4-D est supérieure à 1 mg.l^{-1} (**figures 17 et 19**). Généralement, les explants placés horizontalement ont une meilleure aptitude à la callogenèse que ceux déposés verticalement. Le taux de callogenèse augmente aussi avec la concentration de l'ANA et est le plus élevée en présence d'ANA 5 mg.l^{-1}. Pour des concentrations plus importantes (10 mg.l^{-1}), la callogenèse est absente pour les deux cultivars. Les meilleurs taux de callogenèse sont obtenus également avec les explants déposés horizontalement. Pour les deux cultivars, les cals obtenus sont friables, de couleur jaunâtre, non chlorophylliens présentant un aspect nodulaire.

Quelque soit la nature et la concentration de l'auxine, la position apicale de l'explant ne permet aucune callogenèse à l'exception du cultivar Priscilla pour lequel celle-ci est possible uniquement en présence de 2,4-D 3 mg.l^{-1} mais sont taux ne dépasse pas 10% (**figures 18 et 20**). De même, la position médiane de l'explant n'autorise une formation de cals que pour les milieux contenant du 2,4-D 3 mg.l^{-1} ou de l'ANA 5 mg.l^{-1}. Pour la position basale de l'explant, le taux de callogenèse augmente avec la concentration de l'auxine et il est le plus élevé avec 2,4-D 3 mg.l^{-1} et ANA 5 mg.l^{-1}. Ainsi, ces taux sont respectivement de 30% pour le cultivar ChaCha et de 30 et 50% pour le cultivar Priscilla. Ce dernier cultivar paraît plus favorable à la callogenèse que le cultivar ChaCha. En présence d'ANA 10 mg.l^{-1}, la callogenèse est totalement absente chez Priscilla et n'est que de 10% uniquement chez ChaCha. L'analyse de la variance montre une différence hautement significative pour l'effet de la nature de l'auxine, de position d'explants, une différence significative pour la polarité et une différence non significative entre les deux cultivars.

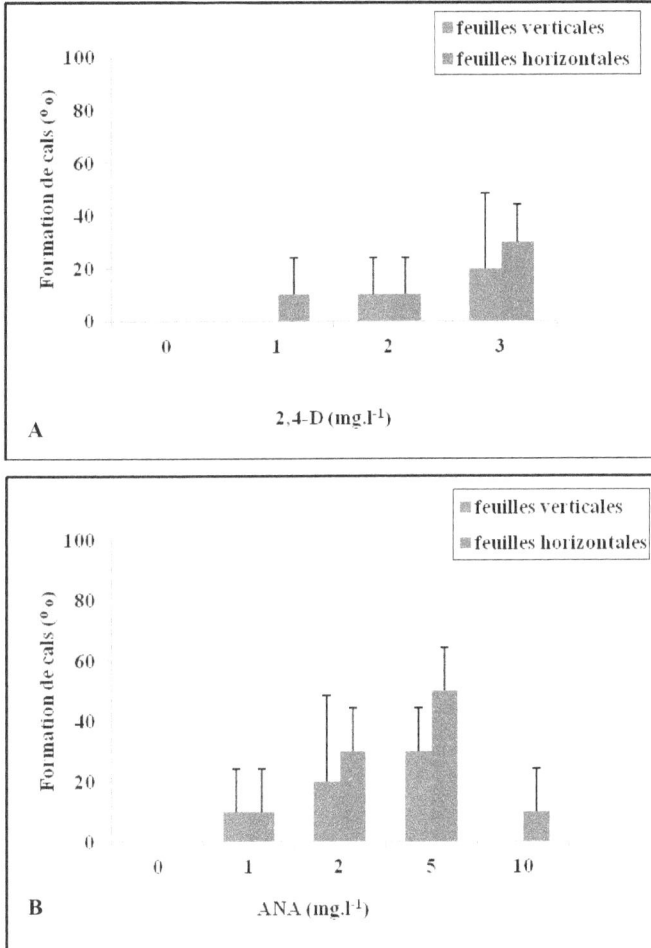

Figure 17 : Effet de la nature de l'auxine (**A** : 2,4-D ; **B** : ANA) et de la polarité de l'explant sur la formation de cals à partir de feuilles issues de plantes de glaïeul (*Gladiolus grandiflorus* Hort.) cv. 'ChaCha', cultivées en plein air. La durée de la culture *in vitro* est de 2 mois.

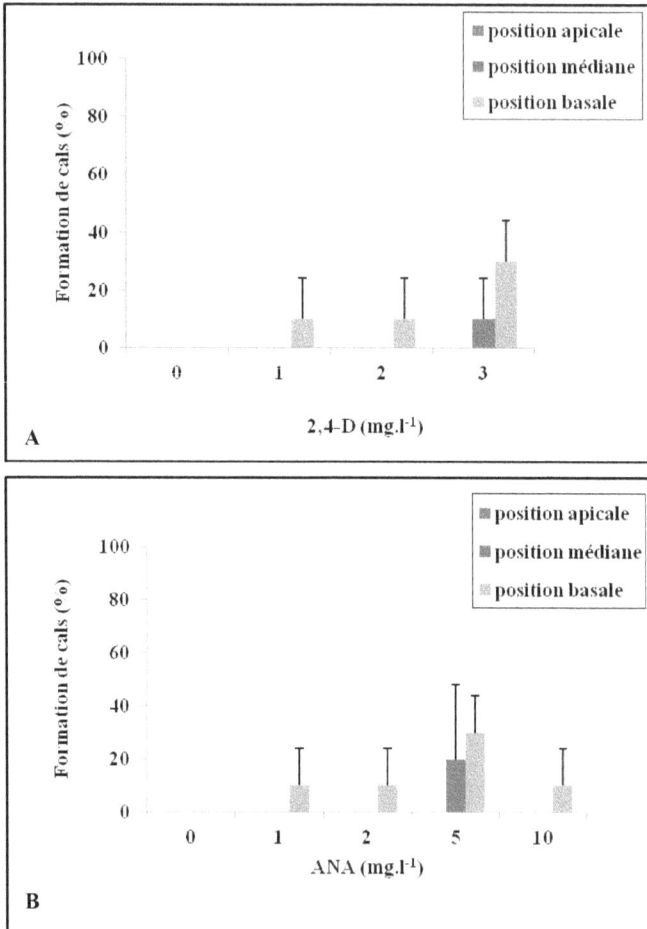

Figure 18 : Effet de la nature de l'auxine (**A** : 2,4-D ; **B** : ANA) et de la position de l'explant sur la formation de cals à partir de feuilles issues de plantes de glaïeul (*Gladiolus grandiflorus* Hort.) cv. 'ChaCha', cultivées en plein air. La durée de la culture *in vitro* est de 2 mois.

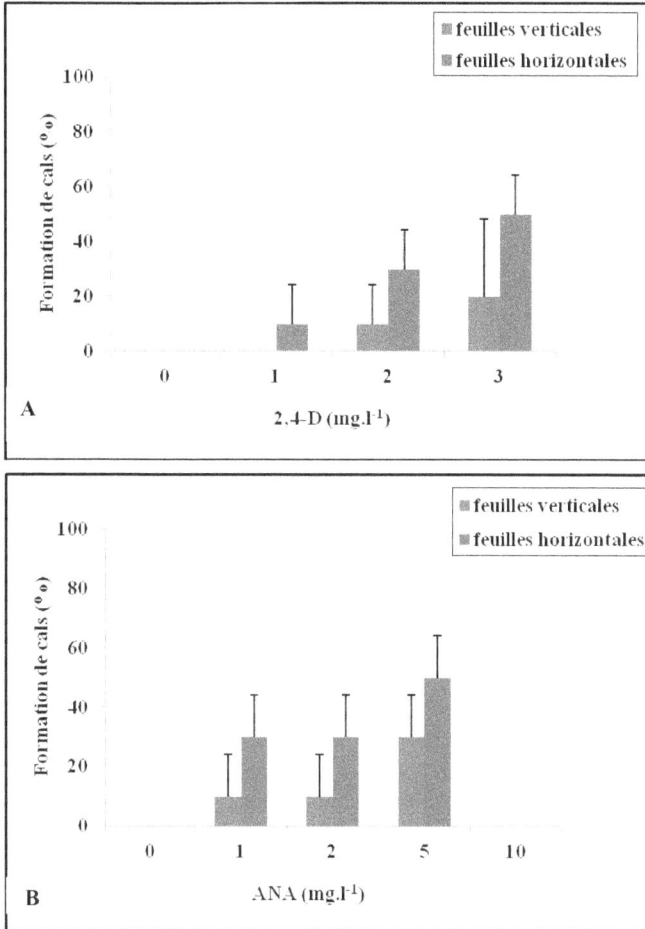

Figure 19: Effet de la nature de l'auxine (**A** : 2,4-D ; **B** : ANA) et de la polarité de l'explant sur la formation de cals à partir de feuilles issues de plantes de glaïeul (*Gladiolus grandiflorus* Hort.) cv. 'Priscilla', cultivées en plein air. La durée de la culture *in vitro* est de 2 mois.

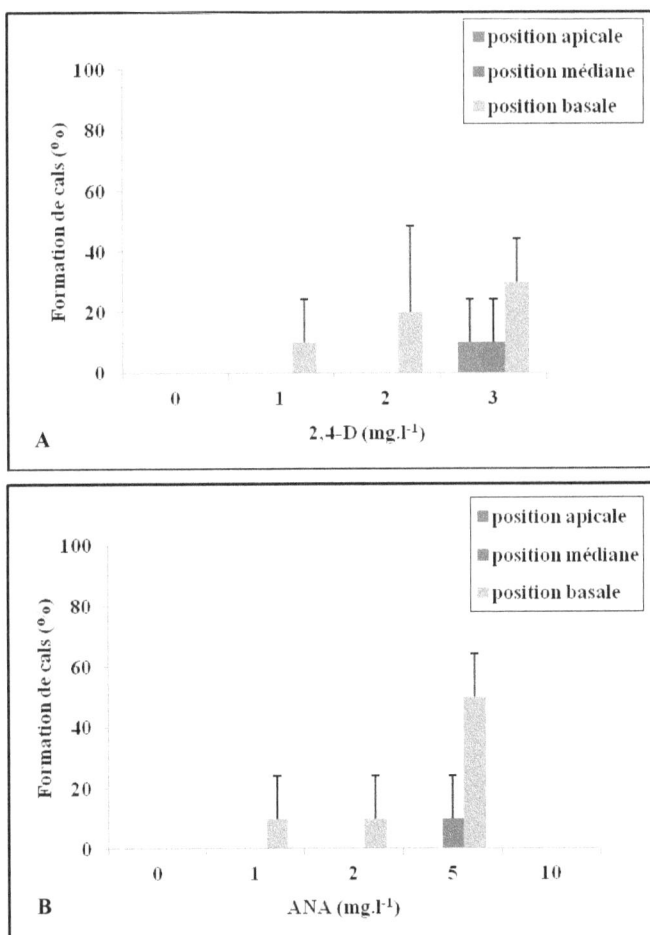

Figure 20 : Effet de la nature de l'auxine (**A** : 2,4-D ; **B** : ANA) et de la position de l'explant sur la formation de cals à partir de feuilles issues de plantes de glaïeul (*Gladiolus grandiflorus* Hort.) cv. 'Priscilla', cultivées en plein air. La durée de la culture *in vitro* est de 2 mois.

.

2.2. Callogenèse à partir des pédoncules floraux

Les cals issus des pédoncules floraux des deux cultivars sont globuleux, de couleur blanchâtre, et caractérisés par une structure compacte. On n'observe aucune différence entre les deux cultivars (**figure 21**).

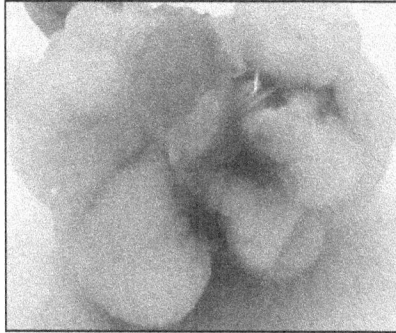

Figure 21 : Cal à partir du pédoncule floral.

Les explants de pédoncules floraux prélevés sur des hampes florales de plantes de glaïeul cultivées en plein air montrent une forte aptitude à la callogenèse et ceci pour les deux cultivars 'ChaCha' et 'Priscilla'. Le début de la callogenèse a lieu 10 jours après la mise en culture des explants.

Sur le milieu témoin (dépourvu d'auxines), la callogenèse fait totalement défaut.

Le 2,4-D parait très favorable à la callogenèse de ce type d'explant. En effet, pour toutes les concentrations de l'auxine, le taux de callogenèse est important et atteint 100% pour les deux cultivars en présence de 2,4-D 1 mg.l^{-1} (**figure 22A**). Sur le milieu contenant l'ANA, l'induction de cals augmente avec la concentration de l'auxine et atteint 100% pour les deux cultivars en présence d'ANA 5 mg.l^{-1} (**figure 22B**). Pour les deux types d'auxines, la formation de cals est meilleure chez le cultivar Priscilla, mais les différences ne sont pas significatives.

L'analyse de la variance a montré un effet hautement significatif de la concentration en 2,4-D et ANA sur la formation de cal à partir de pédoncules floraux. Les différences entre les cultivars ne sont pas significatives.

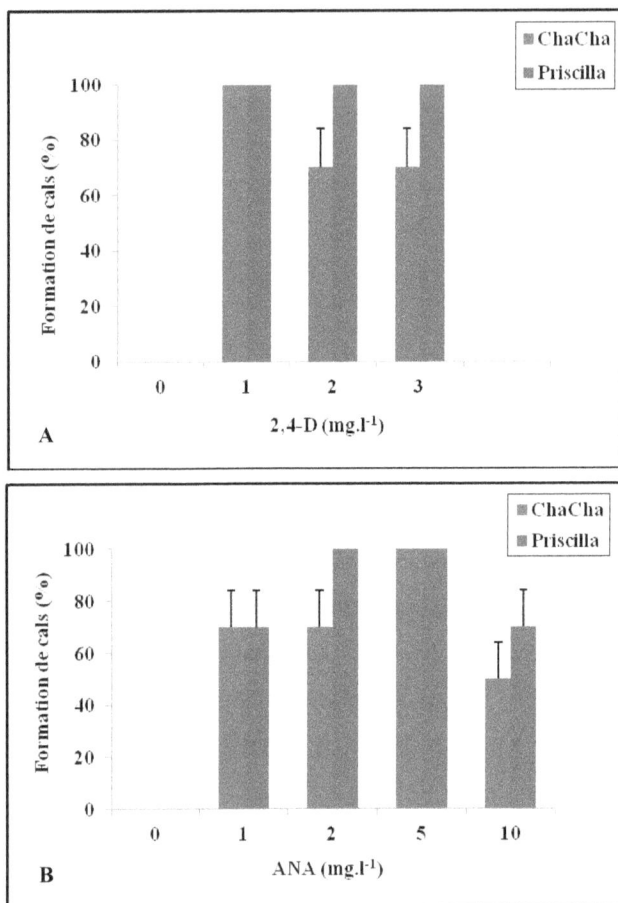

Figure 22 : Effet de la nature de l'auxine (**A** : 2,4-D ; **B** : ANA) sur la formation de cals à partir de pédoncules floraux prélevés sur des hampes florales de plantes de glaïeul (*Gladiolus grandiflorus* Hort.) cv. 'ChaCha' et 'Priscilla', cultivées en plein air.

2.3. Callogenèse à partir des pétales

Les explants de pétales prélevés des positions apicale et médiane sur l'organe ne manifestent aucune callogenèse, chez les deux cultivars quelque soit l'auxine utilisée et sa concentration dans le milieu. Par contre, la partie basale du pétale montre un gonflement après 30 jours de culture et 60 jours après la mise en culture, on observe des cals de couleur marron foncé, et caractérisés par une structure spongieuse (**figure 23**). Le taux de callogenèse est très faible (10%) en présence du 2,4-D 1 mg.l^{-1}.

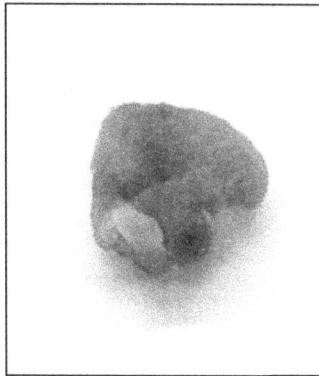

Figure 23 : Cal formé sur la partie basale d'un pétale de glaïeul (*Gladiolus grandiflorus* Hort.) cv. 'Priscilla'.

Les autres explants testés dans cet essai (bractée, hampe florale, épi floral) n'ont montré aucun signe de callogenèse.

2.4. Enracinement des cals

Tous les cals cultivés sur les milieux contenant l'ANA ont émis des racines alors que ceux cultivés en présence du 2,4-D n'ont manifesté aucun signe de rhizogenèse.

Les racines formées sur le cal cultivé en présence d'ANA 5 mg.l^{-1} sont longues et fines alors que celles formées sur le cal cultivé sur le milieu contenant l'ANA 10 mg.l^{-1} sont courtes et grosses (**figure 24**).

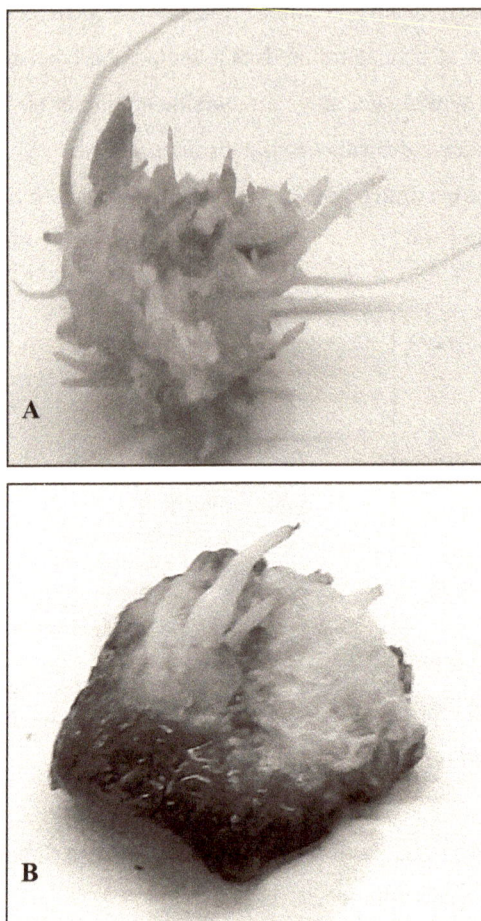

Figure 24 : Effet de l'ANA sur l'émission de racines sur les cals. **A :** Enracinement sur cal sur un milieu contenant ANA 5 mg.l^{-1}. **B :** Enracinement sur cal sur un milieu contenant ANA 10 mg.l^{-1}.

Conclusion

La callogenèse chez le glaïeul est possible à partir de divers explants. Les explants foliaires déposés horizontalement montrent une meilleure aptitude à la callogenèse que ceux déposés verticalement.

Les explants issus de la partie basale des feuilles sont plus favorables à la callogenèse que ceux issus de la partie médiane. La partie apicale des feuilles ne montre, par contre, aucune callogenèse.

Les pédoncules floraux ont montré une callogenèse remarquable aussi bien en présence de 2,4-D que d'ANA. Les parties basales du pétale ont montré un gonflement des structures, alors que les parties apicale et médiane ne réagissent pas. La bractée, l'épi floral et la hampe florale ne montrent aucun signe de callogenèse après 8 semaines de culture en présence des différentes concentrations d'auxines. L'ANA se montre comme un bon stimulateur de la rhizogenèse des cals.

Chapitre III

Régénération de pousses à partir de cals

1. Introduction

La régénération à partir de cultures *in vitro* est l'un des outils de plus en plus utilisé soit pour la multiplication soit pour les biotechnologies. Mais au cours de ces régénérations, il arrive que, de façon surprenante, de nombreux phénotypes apparaissent (Sibi, 1974).

L'objectif du présent chapitre est la mise au point d'une technique fiable de régénération de pousses de glaïeul à partir de cals.

Dans ce travail, le matériel végétal retenu pour la régénération de pousses est constitué des cals issus des bourgeons apicaux, des fragments de feuilles et des pédoncules floraux.

Pour régénérer des pousses à partir de cals, nous avons testé la BA comme une cytokinine indispensable pour la régénération (Bettaieb, 2003). Ainsi, quatre milieux de régénération sont testés : le milieu de Murashige et Skoog (MS) est additionné de différentes doses de BA (0 ; 0,5 ; 1 ; 2 mg.l^{-1}). Les cals sont placés en bocaux de volume 100 ml, à raison de 5 cals par bocal et 3 répétitions par traitement. Les paramètres mesurés après quatre semaines de culture sont le taux de bourgeonnement, le nombre de bourgeons néoformés et le nombre de pousses par cal.

2. Résultats

2.1. Régénération à partir de cals issus des bourgeons apicaux

Le nombre de pousses néoformées par cal dépend du cultivar et de la concentration de BA. En effet, sur le milieu témoin dépourvu de BA, la régénération de pousses sur les cals est possible mais son taux est faible et ne dépasse pas 13,3 et 26,7%, respectivement chez 'ChaCha' et 'Priscilla' (**tableau 4**).

Le taux de bourgeonnement des cals issus de bourgeons apicaux est le plus élevé sur le milieu MR3 contenant BA 1 mg.l^{-1} (**figure 25**). De plus, le bourgeonnement sur ce milieu est le plus rapide et atteint 53,3% après 10 jours de culture et 93,3 et 100% après 4 semaines de culture, respectivement chez 'Priscilla' et 'ChaCha'.

Le nombre de bourgeons par cal le plus élevé est obtenu sur le milieu MR3 contenant BA 1 mg.l^{-1} et atteint, après quatre semaines de culture, 2,2 et 2,5 bourgeons, respectivement chez 'ChaCha' et 'Priscilla'.

Pour des concentrations plus importantes de BA (2 mg.l^{-1}), le nombre de bourgeons par cal est diminué et n'est que de 1 bourgeon chez les deux cultivars.

Le nombre de pousses par cal augmente avec la concentration de BA et est le plus élève en présence de 1 mg.l^{-1} et atteint 1,67 et 2,40 pousses, respectivement chez ChaCha et Priscilla. Pour des concentrations plus importantes (2 mg.l^{-1}), le nombre de pousses chute à 0,73 et 0,93.

Le nombre de cals viables le plus élevé est obtenu sur le milieu MR3 contenant BA 1 mg.l^{-1} et atteint 12 et 13 cals, respectivement chez ChaCha et Priscilla.

L'analyse de la variance montre une différence significative entre les 4 milieux de régénération alors que cette différence est non significative entre les deux cultivars.

Tableau 4 : Bourgeonnement et régénération de pousses à partir de cals issus des bourgeons apicaux, des deux cultivars de glaïeul 'ChaCha' et 'Priscila', cultivés sur les milieux de régénération MR1 : BA 0 mg.l^{-1}, MR2 : BA 0,5 mg.l^{-1}, MR3 : BA 1 mg.l^{-1}, MR4 : BA 2 mg.l^{-1}. Conditions de culture : photopériode 16 h, intensité lumineuse 35 µmol.m^{-2}.s^{-1}, température 24 ± 1°C. Nombre d'explants par traitement : 15.

Milieu de régénération	Cultivar	Taux de bourgeonnement (%)	Nombre de bourgeons par cal	Nombre de pousses par cal	Nombre de cals viables
MR1	ChaCha	13,3	0,13 ± 0,35 a	0,27 ± 0,80 a	2
	Priscilla	26,7	0,40 ±0,30 a	0,20 ± 0,56 a	4
MR2	ChaCha	53,3	1,20 ± 1,69 b	1,07 ± 1,39 b	8
	Priscilla	60	1,13 ± 1,40 b	0,87 ± 1,35 b	9
MR3	ChaCha	100	2,20 ± 1,66 c	1,67 ± 1,54 c	15
	Priscilla	93,3	2,50 ± 1,92 c	2,40 ± 1,95 c	14
MR4	ChaCha	66,7	1,06 ± 1,03 b	0,73 ± 0,80 ab	10
	Priscilla	60	1,0 ± 1,0 b	0,93 ± 0,88 ab	9

Les valeurs sur la même colonne portant des lettres distinctes sont significativement différentes (P<0,05).

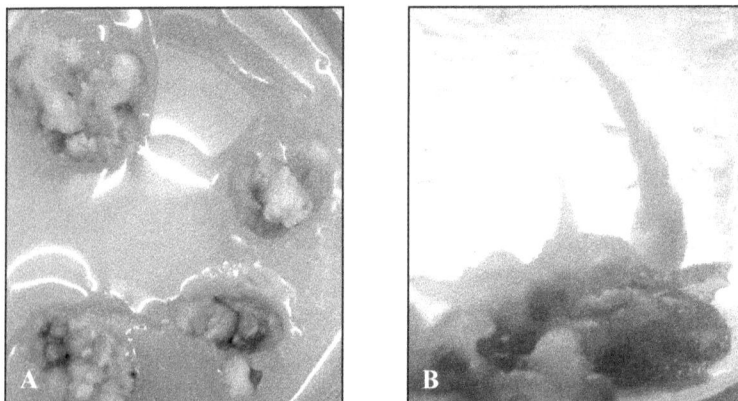

Figure 25: Régénération de pousses de glaïeul à partir de cals issus de bourgeons apicaux. Conditions de culture : milieu MS + BA 1 mg.l^{-1} ; photopériode 16 h ; température 24 ± 1°C. **A** : bourgeonnement. **B** : formation des pousses.

2.2. Régénération à partir de cals issus de fragments de feuilles

Sur le milieu témoin dépourvu de BA, la régénération de pousses à partir des cals est possible et atteint 20 et 46%, respectivement chez 'ChaCha' et 'Priscilla'.

Le taux de bourgeonnement des cals issus de fragments de feuilles est le plus élevé sur le milieu MR3 contenant BA 1 mg.l^{-1} et atteint 100% chez les deux cultivars après 4 semaines de culture (**tableau 5**).

Le nombre de bourgeons néoformés le plus élevé est obtenu chez le milieu contenant BA 1 mg.l^{-1} et atteint 2,4 et 2,6 bourgeons, respectivement chez ChaCha et Priscilla. Pour des concentrations plus importantes de BA (2 mg.l^{-1}), le nombre de bourgeons par cal est affecté et n'est que de 1,3 et 1 bourgeon, respectivement chez ChaCha et Priscilla.

Le nombre de pousses par cal augmente avec la concentration de la BA et est le plus élève en présence de BA 1 mg.l^{-1}. Il est de 1,9 et 2,5 pousses, respectivement chez ChaCha et Priscilla. Pour des concentrations plus importantes de BA (2 mg.l^{-1}), le nombre de pousses chute à 0,94 pousse chez les deux cultivars.

Tous les cals cultivés sur le milieu de régénération contenant BA 1 mg.l^{-1} restent viables et ceci chez les deux cultivars.

La régénération à partir de cals foliaires est généralement meilleure chez le cultivar Priscilla. L'analyse de la variance montre une différence significative entre les 4 milieux de régénération alors que cette différence est non significative entre les deux cultivars.

Pour les cals issus de pédoncules floraux, la régénération est totalement inhibée et la dégénérescence touche tous les cals après quatre semaines de culture.

Tableau 5 : Bourgeonnement et régénération de pousses à partir de cals issus de fragments de feuilles, des deux cultivars de glaïeul 'ChaCha' et 'Priscila', cultivés sur les milieux de régénération MR1 : BA 0 mg.l^{-1}, MR2 : BA 0,5 mg.l^{-1}, MR3 : BA 1 mg.l^{-1}, MR4 : BA 2 mg.l^{-1}. Conditions de culture : photopériode 16 h, intensité lumineuse 35 µmol.m^{-2}.s^{-1}, température 24 ± 1°C. Nombre d'explants par traitement : 15.

Milieu de régénération	Cultivar	Taux de bourgeonnement (%)	Nombre de bourgeons par cal	Nombre de pousses par cal	Nombre de cals viables
MR1	ChaCha	20,0	0,26 ± 0,59 a	0,26 ± 0,59 a	3
	Priscilla	46,7	0,67 ± 0,90 a	0,40 ± 0,60 a	7
MR2	ChaCha	60,0	1,0 ± 0,84b	0,90 ± 0,70 b	9
	Priscilla	73,3	1,40 ± 1,40 b	1,06 ± 1,33 b	11
MR3	ChaCha	100	2,40 ± 1,60 c	1,90 ± 1,50 c	15
	Priscilla	100	2,60 ± 1,80 c	2,50 ± 1,80 c	15
MR4	ChaCha	80,0	1,30 ± 0,96 b	0,94 ± 0,80 b	12
	Priscilla	60,0	1,06 ± 0,96 b	0,94 ± 0,88 b	9

Les valeurs sur la même colonne portant des lettres distinctes sont significativement différentes (P<0,05).

Conclusion

Nos résultats montrent que, pour les divers types d'explants, le milieu de régénération contenant BA 1 mg.l^{-1} a permis d'avoir le taux de bourgeonnement le plus élevé, le nombre de bourgeons néoformés et le nombre de pousses par cal le plus élevés.

Le taux de régénération est meilleur chez le cultivar Priscilla mais les différences ne se sont pas avérées significatives.

Chapitre IV

Régénération de pousses sous stress salin

1. Introduction

L'objectif du présent travail est la régénération de pousses à partir de cals sous une pression sélective saline.

Les explants utilisés sont constitués de cals obtenus à partir des bourgeons apicaux et des fragments de feuilles.

Quatre milieux de régénération sont testés : le milieu MS est additionné de BA 1 mg.l^{-1} et de différentes doses de NaCl (0, 50, 100, 150 mM). Chaque traitement comporte 3 bocaux contenant chacun 5 cals, soit 15 cals par traitement. Les observations ont porté sur :

✓ le taux de bourgeonnement ;

✓ le nombre de bourgeons néoformés par cal ;

✓ le nombre de pousses par cal ;

✓ le nombre de cals viables.

2. Résultats

2.1. Régénération à partir de cals issus des bourgeons apicaux

Le taux de bourgeonnement le plus élevé est obtenu chez le témoin et atteint, après quatre semaines de culture, 93,3 et 100%, respectivement chez ChaCha et Priscilla. La salinité du milieu exerce un effet dépressif sur ce paramètre et le taux de bourgeonnement chute à 13,3 et 20% sur NaCl 150 mM, ce qui représente 14 et 20% du témoin, respectivement chez ChaCha et Priscilla (**tableau 6**). Pour toutes les concentrations de NaCl, le taux de bourgeonnement est plus élevé chez le cultivar Priscilla. Le nombre de bourgeons par cal est le plus élevé sur le milieu témoin et est de 2,20 et 2,53 bourgeons, respectivement chez ChaCha et Priscilla. Ce paramètre est nettement diminué en présence de sel et décroît respectivement à 0,33 et 0,40 bourgeon sur NaCl 150 mM, ce qui représente 15% du témoin. Le nombre de bourgeons néoformés est en faveur de cultivar Priscilla. Le nombre de pousses par cal est affecté aussi par la salinité. En effet, il passe de 1,80 et 2,40 pousses chez le témoin, respectivement chez ChaCha et Priscilla, à 0,13 et 0,33 pousse sur NaCl 150 mM, représentant seulement 7 et 14% du témoin. Le nombre de pousses par cal paraît plus important chez Priscilla. Le nombre de cals viables est diminué par la salinité du milieu de culture. En effet, elle passe de 14 et 15 cals chez le témoin, respectivement chez ChaCha et Priscilla à 9 et 14 cals sur NaCl 50 mM et à 2 et 3 cals sur 150 mM. Le nombre de cals viables est plus important chez le cultivar Priscilla sans que cette différence ne soit significative. L'analyse de la variance montre une différence significative entre les 4 milieux de régénération alors que cette différence est non significative entre les deux cultivars.

Tableau 6 : Effets de NaCl sur la néoformation de bourgeons et la formation de pousses à partir de cals issus des bourgeons apicaux de glaïeul (*Gladiolus grandiflorus* Hort.) cv. ChaCha et Priscilla. Condition de culture : milieu de culture : MS + BA 1 mg.l^{-1} + NaCl   (0, 50, 100, 150 mM), photopériode 16 h, intensité lumineuse 35 μmol.m^{-2}.s^{-1}, température 24 ± 1°C. Nombre d'explants par traitement : 15.

NaCl (mM)	Cultivar	Taux de bourgeonnement (%)	Nombre de bourgeons par cal	Nombre de pousses par cal	Nombre de cals viables
0	ChaCha	93,3	2,20 ± 1,70 c	1,80 ± 1,56 c	14
	Priscilla	100	2,53 ± 1,76 c	2,40 ± 1,96 c	15
50	ChaCha	66,7	2.08 ± 0,67 b	0,73 ± 0,70 b	9
	Priscilla	93,3	2,13 ± 0,74 b	1,33 ± 0,62 b	14
100	ChaCha	26,7	0,50 ± 0,74 a	0,20 ± 0,41a	4
	Priscilla	53,3	0,93 ± 1,16 a	0,40 ± 0,91 a	8
150	ChaCha	13,3	0,33 ± 0,90 a	0,13 ± 0,52 a	2
	Priscilla	20	0,40 ± 1,05 a	0,33 ± 1,05 a	3

Les valeurs sur la même colonne portant des lettres distinctes sont significativement différentes ($P<0,05$).

2.2. Régénération à partir de cals issus de fragments de feuilles

Le taux de bourgeonnement le plus élevé est obtenu chez le témoin et atteint, après quatre semaines de culture, 93,3 et 100%, respectivement chez ChaCha et Priscilla. La salinité du milieu affecte ce paramètre et le taux de bourgeonnement est nul chez les deux cultivars sur NaCl 150 mM (**tableau 7**). Le taux de bourgeonnement est meilleur chez le cultivar Priscilla.

Le nombre de bourgeons par cal est le plus élevé sur le milieu témoin et est de 2,0 et 2,20 bourgeons, respectivement chez ChaCha et Priscilla. Ce paramètre est nettement diminué en présence de sel et décroît respectivement à 0,80 et 1,53 bourgeons sur NaCl 50 mM puis tombe à 0 bourgeon sur NaCl 150 mM. Le nombre de bourgeons néoformés est plus élevé chez le cultivar Priscilla sans que cette différence ne soit significative.

Le nombre de pousses par cal est affecté aussi par la salinité. Il passe de 1,53 et 1,87 pousse chez le témoin respectivement chez ChaCha et Priscilla à 0,73 et 0,93 pousse sur NaCl 50 mM puis s'annule sur NaCl 150 mM. Le nombre de pousses par cal est généralement plus important chez Priscilla sans que cette différence ne soit significative.

Le nombre de cals viables est nettement diminué par la salinité du milieu de culture. En effet, elle passe de 14 et 15 cals chez le témoin, respectivement chez ChaCha et Priscilla à 0 cals sur NaCl 150 mM.

L'analyse de la variance montre une différence significative entre les 4 milieux de régénération (**figure 26**) alors que cette différence est non significative entre les deux cultivars.

Tableau 7 : Effets de NaCl sur la néoformation de bourgeons et la formation de pousses à partir de cals issus de fragments de feuilles de glaïeul (*Gladiolus grandiflorus* Hort.) cv. ChaCha et Priscilla. Condition de culture : milieu de culture : MS + BA 1 mg.l^{-1} + NaCl (0, 50, 100, 150 mM), photopériode 16 h, intensité lumineuse 35 µmol.m^{-2}.s^{-1}, température 24 ± 1°C. Nombre d'explants par traitement : 15.

NaCl (mM)	Cultivar	Taux de bourgeonnement (%)	Nombre de bourgeons par cal	Nombre de pousses par cal	Nombre de cals viables
0	ChaCha	93,3	2,0 ± 1,30 c	1,53 ± 1,12 c	14
	Priscilla	100	2,20 ± 1,08 c	1,87 ± 0,91 c	15
50	ChaCha	66,7	0,80 ± 0,67 b	0,73 ± 0,70 b	7
	Priscilla	80,0	1,53 ± 1,0 b	0,93 ± 0,70 b	12
100	ChaCha	13,3	0,26 ± 0,59 a	0,13 ± 0,35 a	2
	Priscilla	33,3	0,30 ± 0,50 a	0,07 ± 0,26 a	4
150	ChaCha	0	0 a	0 a	0
	Priscilla	0	0 a	0 a	0

Les valeurs sur la même colonne portant des lettres distinctes sont significativement différentes (P<0,05).

Figure 26 : Régénération de pousses à partir de cals de glaïeul (*Gladiolus grandiflorus* Hort.) cv. 'Priscilla' cultivés en présence de différentes concentrations de NaCl (témoin, 50, 100 et 150 mM).

Conclusion

On peut donc conclure qu'en conditions de stress salin, l'aptitude à la régénération à partir de cals se trouve clairement affectée.

D'après nos résultats, le taux de bourgeons néoformés et le nombre de pousses régénérées sont les plus élevés sur le milieu témoin. Ces paramètres diminuent significativement avec l'augmentation de la salinité dans le milieu de culture. Cette baisse est plus accentuée chez ChaCha que chez Priscilla.

Les cals issus des bourgeons apicaux paraissent plus tolérants au sel que ceux issus des cals foliaires.

Des essais de régénération sont faits aussi à partir des cals issus de pédoncules floraux, mais, après quatre semaines de culture, on constate une dégénérescence généralisée de ces cals.

DISCUSSION

L'objectif de ce travail était d'étudier l'aptitude à la callogenèse de différents types d'explants de glaïeul (*Gladiolus grandiflorus* Hort.) cultivars 'ChaCha' et 'Priscilla'. Pour les explants ayant formé des cals, nous avons étudié leur aptitude à la régénération sur des milieux additionnés de différentes doses de cytokinine et enfin les effets de NaCl sur la régénération de pousses.

1. Initiation de la culture

Dans la phase d'initiation, les bourgeons apicaux des cormes des deux cultivars 'ChaCha' et 'Priscilla' montrent des réponses différentes sur les divers milieux de culture. L'enracinement et la bulbaison ont été obtenus sur l'ensemble des explants sur des milieux avec ou sans 2,4-D 1 mg.l^{-1}. Ces résultats se rapprochent de ceux de Hamann (1995) et Bettaieb *et al.* (2007) qui ont obtenu sur des pousses individualisées de glaïeul repiquées sur un milieu dépourvu de régulateurs de croissance, 100% d'enracinement et de bulbaison chez les cultivars 'Peter Pears' et 'White Friendship'. L'enracinement du témoin s'explique probablement par une teneur importante en auxines endogènes. Bettaieb (2003) a montré que le 2,4-D est un bon stimulateur de l'émission des racines.

Sur le milieu témoin et chez les deux cultivars, les explants développent peu de bourgeons néoformés. Ces résultats sont en accord avec ceux trouvés par Bettaieb *et al.* (2007).

Le milieu additionné de 2,4-D 1 mg.l^{-1} n'a pas permis une néoformation de bourgeons étant donné que les auxines favorisent plutôt la multiplication cellulaire et la formation de racines (Auge, 1984).

La formation de cals a été observée sur le milieu témoin mais à un faible pourcentage. Bettaieb *et al.* (2007) ont obtenu des résultats similaires et la formation modérée de cals semble due aux auxines endogènes.

Sur le milieu additionné de l'auxine, nous obtenons 100% de callogenèse. En effet, d'après Ziv et Lilien-Kipnis (2000), le milieu le plus favorable à la callogenèse est un milieu MS avec de fortes concentrations en 2,4-D.

Chez *Gladiolus grandiflorus* cultivar 'Pink', l'induction de cals est favorable sur un milieu MS avec 2,4-D 1 mg.l[-1] (Giglou et Hajieghrari, 2008).

Kim *et al.* (1988) indiquent que le milieu MS supplémenté de 2,4-D 1 mg.l[-1] a donné les meilleurs cals après 40 jours de culture.

Dans nos conditions, les cals obtenus à partir de bourgeons apicaux sont de couleur jaunâtre, non chlorophylliens, de consistance friable et présentant des nodules. En effet, Kim *et al.* (1988) ont constaté que les cals développés sur un milieu contenant 2,4-D 0,5 mg.l[-1] sont de couleur jaune, non chlorophylliens de texture friable avec apparition de petits amas de cellules du parenchyme sphérique.

2. Callogenèse

L'induction des cals a été réalisée sur le milieu MS additionné de diverses concentrations de 2,4-D et d'ANA qui se sont révélées des phytohormones appropriées pour l'initiation de cals chez plusieurs cultivars de glaïeul (Bettaieb, 2003 ; Emek *et al.*, 2007 Aftab *et al.*, 2008).

Pour une meilleure induction des cals, Les cultures ont été soumises durant toute la phase de callogenèse à l'obscurité et à une température de 24±1°C (Bettaieb, 2003).

La callogenèse a pu être induite à partir de divers explants : fragments de feuilles, segments de pédoncules floraux et pétales. Par contre, pour les autres types d'explants (segments de tige, fragments d'inflorescence, bractées) aucune callogenèse n'a pu être obtenue. Ces résultats ne sont pas en accord avec Bajaj *et al.* (1983), qui ont montré que la callogenèse a été obtenue chez deux cultivars de glaïeul 'Snow Princess' et 'Oscar', à partir de divers explants : inflorescence, tige florale, bractée et périanthe cultivés en présence d'ANA 10 mg.l[-1] et de Kinétine 0,5 mg.l[-1].

Pour les explants foliaires, les milieux contenant 2,4-D 3 mg.l[-1] ou ANA 5 mg.l[-1] paraissent les plus favorables à la callogenèse. Le comportement des deux cultivars reste comparable. Aftab *et al.* (2008), ont montré que l'induction de cals, à partir d'explants foliaires, est possible sur les milieux MS + 2,4-D 3 mg.l^{-1} ou ANA 2 mg.l^{-1}. Des concentrations d'ANA inférieure ou supérieure ne permettent aucune induction de cal. Cependant, Bettaieb (2003) signale que les explants foliaires des deux cultivars de glaïeul 'Peter Pears' et 'White Friendship' cultivés sur différents milieux contenant 2,4-D ou ANA n'ont présenté aucune callogenèse.

Les explants placés horizontalement ont montré une meilleure aptitude à la callogenèse que ceux placés verticalement pour les deux cultivars étudiés.

Les explants prélevés de la partie basale de la feuille ont donné les meilleurs résultats. Ceci est en accord avec les travaux de Kasumi *et al.* (1999) sur le glaïeul cv. Topaz, où des explants issus de la partie basale et cultivés à l'obscurité pendant 60 jours sur un milieu MS additionné d'ANA 5 mg.l^{-1} donne 100% de callogenèse.

Les pédoncules floraux ont montré une forte aptitude à la callogenèse qui atteint 100% chez la plupart des milieux testés.

D'après nos résultats, les pétales n'ont pas présenté une bonne aptitude à la callogenèse. En effet, elle est totalement inhibée pour les explants issus des parties apicale et médiane du pétale et faible pour les explants issus de la partie basale lorsqu'ils sont cultivés sur un milieu contenant 2,4-D 1 mg.l^{-1}.

Kasumi *et al.* (2001) indiquent que la callogenèse n'est pas induite pour les parties supérieures du périanthe alors qu'elle est possible pour les parties basales et son taux est de 56% sur le milieu MS contenant l'ANA 5 mg.l^{-1}.

3. Enracinement des cals

L'enracinement des cals est obtenu sur le milieu MS additionné de différentes doses d'ANA alors qu'il est inhibé sur les milieux contenant le 2,4-D. En effet, Giglou et Hajieghrari (2008) indiquent que l'ANA joue un rôle important dans la formation des racines *in vitro* chez le genre *Gladiolus*. Le meilleur résultat a été obtenu sur le milieu contenant l'ANA 2 mg.l^{-1}.

Nos résultats diffèrent de ceux de Bettaieb (2003) qui a montré que chez les cultivars 'Friendship' et 'Peter Pears', l'ANA ou le 2,4-D à 4 mg.l^{-1} induisent fortement la formation de racines sur les cals. A des concentrations inférieures, le 2,4-D se montre beaucoup plus stimulateur de la rhizogenèse des cals que l'ANA.

4. Régénération de pousses

La néoformation *in vitro* de bourgeons sur les cals est possible en présence de BA. Sur les cals et après 2 semaines de culture, il y a apparition de protubérances méristématiques qui évoluent en pousses en cours de culture. Le nombre de pousses néoformées par cal dépend du cultivar et de la concentration de la BA. La néoformation de pousses est possible aussi sur les milieux ne contenant pas cette cytokinine mais leur nombre est réduit. En effet, Margara (1984) annonce que la néoformation de bourgeons chez les monocotylédones peut être provoquée par le transfert du cal sur un milieu dépourvu de régulateurs de croissance.

D'après nos résultats, la régénération des pousses à partir de cals est possible sur les milieux contenant la BA (0, 0,5, 1, 2 mg.l^{-1}).
Il y a une différence significative entre les différentes concentrations de BA mais aucune différence n'a été trouvée entre les cultivars et l'origine des cals. Le nombre de pousses le plus élevé par cal à été obtenu sur le milieu contenant la BA 1 mg.l^{-1}.

Ferreira, (1992) cité par Idrees (2004), indiquent que la meilleure production de pousses par explant a été réalisée sur un milieu contenant la BA 0,5 à 1 mg.l^{-1}. Cependant, Bettaieb (2003) a montré que la meilleure néoformation de bourgeons sur les cals a été obtenue par l'utilisation de BA 0,5 mg.l^{-1} et de AgNO$_3$ à 10 mg.l^{-1}.

Nos résultats montrent également que la régénération dépend de la nature de l'explant. En effet, dans nos conditions de culture, la régénération à partir de pédoncules floraux a fait totalement défaut.

5. Régénération sous stress salin

Afin d'évaluer la tolérance à la salinité *in vitro* du glaïeul, des cals ont été soumis pendant 30 jours à différentes concentrations de NaCl (0, 50, 100 et 150 mM).

La salinité affecte le bourgeonnement des cals des deux cultivars de glaïeul. La néoformation de bourgeons à partir des cals issus de bourgeons apicaux devient faible sur NaCl 150 mM.

Les cals issus des fragments de feuilles, contrairement à ceux issus des bourgeons apicaux, paraissent plus sensible à la salinité. Tous les paramètres sont affectés par la salinité et deviennent même nuls sur NaCl 150 mM. Le cultivar ChaCha parait plus sensible à la salinité que le cultivar Priscilla mais cette différence n'est pas significative.

La présence d'une concentration élevée de sel dans le milieu induit donc une perte du potentiel de régénération des cals. En effet, Sharry et Silva (2006) (cités par Salhi, 2007) ont montré que ce phénomène a pour cause l'élévation du potentiel osmotique du milieu salin affectant l'assimilation des besoins des explants, ce qui inhibe les activités métaboliques nécessaires pour le bourgeonnement et la croissance.

La mortalité des cals augmente avec la salinité du milieu et elle est toujours plus élevée chez le cultivar ChaCha mais ces différences ne sont pas significatives. Salhi (2007) a montré également que la salinité augmente la nécrose et la mortalité des explants de glaïeul chez les cultivars Chinon et Ben Venuto.

Globalement, le stress salin a entraîné une réduction de la croissance, ainsi que le brunissement et la nécrose des cals cellulaires.

Conclusion

En Tunisie, l'aridité du climat, la défaillance et la mauvaise gestion des systèmes d'irrigation avec particulièrement une mauvaise qualité des eaux d'irrigation ainsi que des pratiques culturales inappropriées, ont conduit à une salinisation frénétique des sols (Ennabli, 1995).

Cette étude nous a permis, tout d'abord, d'atteindre l'objectif principal que nous nous sommes fixés au départ, à savoir la possibilité de régénérer des pousses de *Gladiolus grandiflorus* Hort. cv. ChaCha et cv. Prissilla en conditions de stress salin. Elle nous a permis de connaître également l'effet du type d'explant et de la composition hormonale du milieu de culture sur les processus de callogenèse et de régénération.

Les essais de mise en culture nous ont conduits à mettre au point un protocole expérimental efficace pour la stérilisation du matériel végétal. Les bourgeons apicaux ont permis d'avoir 100% de callogenèse en présence de 2,4-D 1 mg.l^{-1}.

L'induction de la callogenèse a été réalisée à partir de divers explants issus de culture *in vitro* ou prélevés sur des plantes cultivées en plein air, mais il n'y a pas eu de différences significatives entre les cultivars ChaCha et Priscilla. Le meilleur taux de callogenèse est obtenu sur les milieux de culture composés du milieu MS additionné de 2,4-D 3 mg.l^{-1} ou d'ANA 5 mg.l^{-1}.

L'aptitude à la callogenèse des explants prélevés sur des plantes cultivées en plein air est faible par rapport à celle des explants de culture *in vitro*. La callogenèse, dans ce cas, ne dépasse pas 50% chez les deux cultivars. Les explants posés horizontalement et ceux issus de la partie basale des feuilles montrent la meilleure aptitude à la callogenèse.

En définitive, la callogenèse dépend du génotype, du type d'explant, de la concentration en auxine et de l'origine de l'explant.

Le passage par le cal est une étape primordiale en sélection *in vitro*, parce que ce tissu végétal est une source importante de variabilité génétique (variation somaclonale) et peut être considéré comme un stock du matériel génétique (El Bayoudi, 1991).

La néoformation des bourgeons est favorisée sur le milieu MS additionné de BA 1 mg.l^{-1}. Généralement, la régénération est meilleure chez le cultivar Priscilla.

La salinité affecte la régénération des pousses à partir des cals. L'effet dépressif de NaCl s'accentue avec la concentration du sel. Le cultivar ChaCha paraît plus sensible à la salinité que le cultivar Priscilla.

Références bibliographiques

- Ahmad T., Ahmad Nasir I.A. et Riazuddin S., 2000. *In vitro* production of cormlets in *Gladiolus*. Pak. J. Biol. Sci., 3 (5): 819-821.

- Aftab F., Alam M. et Afrasiab H., 2008. *In vitro* shoot multiplication and callus induction in *Gladiolus hybridus* Hort. Pak. J. Bot., 40 (2): 517-522.

- Amzallag G.N., Seligmann H. et Lener H.R., 1995. Induced Variability during the process of adaptation in Sorghum bicolour. J. Exp. Bot., 289 :1017-1024.

- Angeles B.M., Delamor F., Amoros A., Serrano M., Martinez V. et Cerda A., 2000. Polyamines ethylene and other physivo-chimical parameters in tomato (*Lycopersicon esculentum*) fruits as affected by salinity. Physiologia Plantarrium. 109, 428-434.

- APIA 2004. *www.tunisie.com/APIA/fleur.pdf.*

- Auge R., Beauchesne G., Boccon-Gibod J., Decourtye L., Digot B., Galandrin J., Minier Cl., Morand J. P. et vidalie H., 1984. La culture *in vitro* et ses applications horticoles. Baillière J.B. (eds)., Paris, 152 p.

- Bajaj Y.P.S., 1987. Biotechnology and 21 st century potato. In : Biotechnology in agriculture and forestry, Vol 3 'Potato'. Bajaj Y.P.S., (eds). Springer Verlag, Berlin, 3-22.

- Bajaj Y.P.S., Sidhu M.M.S. et Gill, A.P.S., 1983. Some factors affecting the *in vitro* propagation of *Gladiolus*. Sci. Hortic., 18: 269-275.

- Bajaj, Y.P.S. Sidhu et A.P.S. Gill., 1992. Micropropagation of *Gladiolus*. Biotech-Agri-Berlin. Germ. : Springer-Verlag. 19: 35-143.

- Begum S. et Hadiuzzaman S., 1995. *In vitro* rapid shoot proliferation and corm development in *Gladiolus grandiflorus* cv. Redbrand. Plant Tissue Cult. 5: 7 - 11.

- Belin G., 1952. Les plantes bulbeuses. J.-B. Baillière et Fils, (eds), Parie, 96 p.

- Bettaieb T., 2003. Régénération *in vitro* de variants somaclonaux de glaïeul (*Gladiolus grandiflorus* Hort.) tolérants aux basses températures. Thèse de doctorat, Institut National Agronomique de Tunisie, 136 p.

- Bettaieb T., Denden M., Hajlaoui I., Mhamdi M. et Methlouthi M., 2007. Multiplication et bulbaison *in vitro* du glaïeul (*Gladiolus grandiflorus* Hort.). tropicultura, 25, 4, 228-231.

- Boonvanno K. et Kanchanapoom K., 2000. *In vitro* propagation of *Gladiolus*. *Suranaree J.* Sci. Technol., 7: 25-29.

- Bourgeais P., Guerrier G. et Strullu D.G., 1987. Adaptation au NaCl de *Lycopersicon esculentum* : Etude comparative des cultures de cals ou de parties terminales de tiges. Can.J.Bot. 65, 1989-1997.

- Bourgeais-Chaillou P., Perez-Alfocea P. et Guerrier G., 1990. Tolérance et adaptation au NaCl chez des vitroplants de *Lycopersicon esculentum* : caractère inductibles de l'adaptation au sel. Rev. Cyt. Biol. Vég. 13 : 129-141.

- Churvikova OA. et Barykina RP., 1995. Regeneration ability of some bulbous and cormus monocotyledons in *in vitro* morphogenetic aspect. Biologia. 50: 50 - 55.

- Chen Clement C.S., Plantaine L., 1999. Salt- induced protein synthesis in tomato roots: the role of ABA. J. Exp. Botany. Vol 50, 334 : 677-687.

- Cohat J., 1988. Estimation de l'héritabilité de quelques caractères chez le glaïeul (*Gladiolus grandiflorus* Hort.) agronomie, 8 (3), 179-185.

- Cohat J., 1993. *Gladiolus*. In. A. Dehertog and M. Le Nard (eds). The physiology of flower bulbs. Elsevier, Amsterdam: 297-320. cormlets production. Plant Tissue Cult. 5:27-34.

- Collin H.A., Burton F. M., Ibrahim K. M. et Collins J.C., 1990. Transmission of salt tolerance from tissue culture to seed progeny in Coleus blumei. In: Progress in plant cellular and molecular biology. Abstract of the VIIth International Congress on Plant tissue and cell culture. Nijkampa H., Vanderplas L. et Artrijk J. (eds)., Amsterdam, 151 p.

- Dantụ P.K. et Bhojwani S.S., 1995. *In vitro* corm formation and field evaluation of corm derived plants of _Gladiolus_. Scientia Hortic. 61:123-128.

- De Hertogh A.A et Le Nard M., 1992. The Physiology of Flower Bulbs. Elsevier: 812 p.

- Dracup M., 1991. Increasing salt tolerance of plants through cell culture requires greater understanding of tolerance mechanisms. Aust. J. Plant. Physio 18: 1-15.

- El Bayoudi M., 1991. Techniques de culture d'embryons immatures _in vitro_ et étude de tolérance au stress hydrique au stade germination chez l'orge _(Hordeum vulgare)_. Mémoire pour l'obtention du diplôme de technicien supérieur, Institut Agronomique et Vétérinaire Hassan II, Rabat, Maroc, 106 p.

- Emek Y. et Erdag B., 2007. _In vitro_ propagation of (_Gladiolus anatolicus_ Boiss.) stape. Pak. J. Bot., 39 (1): 23-30.

- Ennabli N., 1995. L'irrigation en Tunisie, INAT-DGREF, Chap. 44, 278–304.

- Giglou M. et Hajieghrari B., 2008. _In vitro_ study on regeneration of _Gladiolus grandiflorus_ corm calli as affected by plant growth regulators. Pakistan Journal of Biological Sciences. Vol 11, 1147-1151.

- Gorham J., 1996. Mechanisms of salt tolerance of halophytes. In: Halophytes and Biosaline Agriculture. Dekker M. Inc. (eds), New York, Basel. Hong Kong : 31-54.

- Greenway H. et Munns R., 1980. Mechanism of salt tolerance in non halophytes. Annu. Rev. Plant Physiol., 31: 146-190.

- Grewal HS., Arora JS. et Gosal SS., 1995. Micropropagation of _Gladiolus_ through _in vitro_ cormlets production. Plant Tissue Culture, 5: 27 - 34.

- Gronwald J.W. et Leonard. 1982. Isolation and transport properties of protoplasts from cortical cells of corn roots. Plant physiology. 70: 1391-1395.

- Halevy A.H., 1985. _Gladiolus_. In: Halvey A.H. (eds). Handbook of flowering, vol. III. CRC Press, Boca Raton, Florida: 63-70.

- Hamann H., 1995. Contribution à la mise au point d'une technique de transfert de gènes via *Agrobacterium tumefasciens* chez le glaïeul (*Gladiolus grandiflorus* Hort. Maîtrise de chimie et de biologie végétale. Université de Rennes 1, France : 20 p.

- Hannachi C., 1997. Amélioration de la tolérance de la pomme de terre (*Solanum tuberosum* L.) à la salinité (NaCl) par voie biotechnologique. Thèse de doctorat, Faculté des Sciences Agronomiques de Gand, Belgique, 152 p.

- Hanson A.D. et Buret M., 1994. Evolution and metabolic engineering of osmoprotectant accumulation in higher plants, in : Cherry J.H. (eds) Biochememicaland cellular mechanisms of stress tolerance in plants., 291-301.

- Haouala F., 1999. Régénération *in vitro* et tolérance à la salinité de l'œillet (*Dianthus caryophyllus* L.). Thèse de doctorat, Faculté des Sciences de Tunis, Tunisie, 171 p.

- Hussain I., Mohamed H. et Rashid Quraishi A., 2001. *In vitro* multiplication of *Gladiolus* (*Gladiolus crassifolius*). Plant Tissue Culture, 11: 121 - 126.

- Hussey G., 1977. *In vitro* propagation of Gladiolus by precocious axillary shoot formation. Sci. Hortic. 6: 287-296.

- Idrees A.N., 2004. Regeneration response of cell suspension of *Gladiolus*. PhD Thesis, University of the Punjab, Pakistan, 160 p.

- Jain R.K., Jain S., Nainawatee H.S., Choudhary J.B. 1990. Salt tolerance *Brassica juncea* L. *In vitro* selection, agronomic evaluation and genetic stability. Euphytica, 45: 141-152.

- Kamo K., 1994. Effect of phytohormones on plant regeneration from callus of *Gladiolus* cultivar "Jenny Lee". *In Vitro* Cell. Dev. Biol., 30: 26 - 31.

- Kasumi M., Takatsu Y., Tomotsune Sakuma T. et Lida S. 1999. The isolation of varied flower color plants by ovary culture of sectorial chimera of *Gladiolus*. J. Japan. Soc. Hort. Sci., 68 (1): 195-197.

- Kasumi M., Takatsu Y., manabe T. et Hayachi M., 2001. The effect of irradiating gladiolus (*Gladiolus grandiflorus* Hort.) cormels with gamma rays on callus formation, somatic embryogenesis and flower color variations in the regenerated plants. J. Japanese Society for Horticultural Science, 70: 126-128.

- Khavari_Nejad R.A., et Mostafi Y., 1998. Effects of NaCl on photosynthetic pigments, saccharides, and chloroplast ultra structure in leaves of tomato cultivars. Photosynthetica, 35 (1) : 151-154.

- Kumar A., Sood A., Palni LMS. et Gupta AK., 1999. *In vitro* propagation de *Gladiolus hybridus* Hort.: Synergistic effet de choc thermique et du saccharose sur la morphogenèse. Plant Cell, Tiss. Org. Cult., 57: 105-112.

- Kim K.W., Choi J.B. et Kwan K.Y. 1988. Rapid multiplication of *Gladiolus* plants through callus culture. J. Kor. Soc. Hort. Sci., 29: 312-318.

- Leone A., Costa A., Tucci M. et Grillos., 1994. Adaptation versus shock response to polyethylene glycol-induced low potential in cultured potato cells. Physiol. Plant., 92 : 21-30.

- Leprince A.S., Thierry L. et Savouré A., 2003. Signalisation cellulaire en réponse à la contrainte hydrique chez *Arabidopsis thaliana*. www.agricta.org/pubs/std.

- Levigneron A., Lopez F., Vansuyt G., Berthomieu P., Fourcroy P. et Casse-Delbart F., 1995. Les plantes face au stress salin. Cahiers d'agricultures, 4, 263-273.

- Lilien-Kipnis H. et Kochba M., 1987. Mass propagation of *Gladiolus hybrids*. Acta Hort., 212: 631 - 638.

- Liu K.B., et Li S.X., 1991. Effect of NaCl on element balance, peroxidase iso-zyme and protein banding pattern of *Lycopersicon leaf* cultures and regenerated shoots. Scientia Horticulturae, 46: 97-107.

- Logan AE. et Zettler FW., 1985. Rapid *in vitro* propagation of virus indexed *gladioli*. Acta Horticulturae, 164: 169-180.

- Margara J., 1984. Néoformation de méristèmes et embryogenèse somatique. In : Bases de la multiplication végétative. Les méristèmes et l'organogenèse.

INRA (eds), 75-175.

- Mansour M.M.F., 1998. Pretection of plasma membrane of onion epidermal cells by glycinebetaine against NaCl stress. Plant Physiol. Biochem., 36 (10): 767-772.

- Meynet J., Krichene R., Bettaieb T. et Tissaoui T., 2000. Manuel des fleurs coupées, Projet F.A.O/TCP/TUN/8823, 107 p.

- Murashige I. et Skoog F., 1962. A revised medium for rapid growth and bioassays with tobacco tissue cultures. Physiol. Plant., 15: 473-497.

- Nabros M.W., Gibbs S.E., Berstein C.S. et Neis M.E., 1980. NaCl-tolerant tobacco plants from cultured cells. Z.P.F Lauzen. Physiol., 97: 13-17.

- Nagaraju V. et Parthasarathy V.A., 1995. Effect of growth regulators on *in vitro* shoots of *Gladiolus hybridus*. Folia Horticulturae, 7/2: 93-100.

- Perez-Alfocea F., Balibrea M.E., Santa-Cruz A. et Estan M.T., 1996. Agronomical and physiological characterization of salinity tolerance in a commercial tomato hybrid. Plant soil., 180: 251-257.

- Piri K., 1991. Contribution à la sélection *in vitro* de plantes androgénique de blé pour leur tolérance au NaCl. Thèse de doctorat en Sciences agronomiques, Faculté des sciences agronomiques de Gembloux, Belgique, 168 p.

- Piri K., Anceau C., El Jaafari S., Lepoivre P. et Semal J., 1994. Sélection *in vitro* de plantes androgéniques de blé tendre résistantes à la salinité. John Libbey Eurotext, Paris, France, 311-320.

- Pius J., Eapen S., George L. et Rao P.S., 1993. Isolation of sodium chloride tolerant cell lines and plants in finger millet. Biol. Plant., 35: 267-271.

- Poisson C., 1980. The use of the cross of diploid species by tetraploid Gladioli to obtain winter flowering cultivars. Acta Horticulturae, 109: 343-346.

- Rahman M.M., et Kaul K., 1989. Differentiation of sodium chloride tolerant cell lines of tomato (*Lycopersicon esculentum Mill*) Cv. Jetstar. J. Plant Physiol., 133: 710-712.

- Roudani M., 1996. Physiologie comparée de deux espèces de blé (*Triticum durum*, variété Ben Bachir et *T.aestivum*, variété Tanit) en relation avec les conditions de nutrition. Métabolisme racinaire en milieu salé. Thèse de Doctorat, Université de Tunis II, Tunisie, 180 p.

- Roy S., Gangopadhyay G., Bandyopadhyay T., Binoy K., Datta S., Kalyan K. et Mukherjee., 2006. Enhancement of *in vitro* micro corm production in *Gladiolus* using alternative matrix. African Journal of Biotechnology, Vol. 5 (12): 1204-1209.

- Sabbah S. et Tal M., 1990. Development of callus and suspension cultures of potato resistant to NaCl and mannitol and their response to stress. Plant Cell, Tissue and Organe, 21: 119-128.

- Salhi I., 2007. Contribution à l'étude de la tolérance à la salinité chez le glaïeul (*Gladiolus grandiflorus* Hort.) cultivé *in vitro* et *in vivo*. Mémoire de Mastère en Agriculture durable. Institut Supérieure Agronomique de Chott Meriem, Tunisie, 60 p.

- Santa-cruz A., Acosta M., Rus A. et Bolarin M.C., 1999. Short-term salt tolerance mechanisms in differentially salt tolerant tomato species. Plant Physiol. Biochem., 37 (1): 65-71.

- Sen J. et Sen S., 1995. Two step bud culture technique for a high regeneration of *Gladiolus* corm. Scientia Horticulturae, 64: 133-138.

- Serrano M., Martinez-Madrid M.C., Martinez G., Riquelme F., Pretel M.T. et Romojaro F., 1997. Modified atmosphere pashing minimizes increases in putrescine and abscissic acid levels caused by chilling injury in pepper fruit, J. Agric. Food Chem., 45: 1668-1672.

- Shiya S.K., 1992. Evaluation of draught and salt resistance of tomato varieties in terms of production, growth and physiological characteristics. PhD Thesis in Agricultural Sciences, University of Gent, Belgium, 207 p.

- Sibi M., 1974. Création de variabilité par culture de tissus *in vitro* chez

Lactuca sativa. Thèse de spécialité, Université Paris-Sud, Orsay, France, 142 p.

- Sinha, P. and Shyamal K. R., 2002. Plant Regeneration through *In vitro* Cormel Formation from Callus Culture of *Gladiolus primulinus* Baker. Plant Tissue Culture, 12 (2): 139-145.

- Steinitz B., Cohen A., Goldberg Z. et Kochba M., 1991. Precocious *Gladiolus* corm formation in liquid shake cultures. Plant Cell, Tissue Organ Culture, 26: 63-70.

- Sumaryati S., Neigrotiu I. et Jacobs M., 1992. Salt and water stress resistant mutants isolated from potato plants of *Nicotiana plumbaginifolia*. (VIVIANI). Med. Fac. Lanbouww. University of Gent, Belgium, 57/4a : 1507-1516.

- Tan Nhut D., Jaime A., Teixeira da Silva., Phan Xuan Huyen. et Paek K.Y., 2004. The importance of explant source on regeneration and micropropagation of *Gladiolus* by liquid shake culture. Sci. Hortic., 102: 407-414.

- Turano F.J. et Kramer G.F., 1993. Effect of metabolic intermediates on the accumulation of polyamines in detached soybean leaves. Phytochemistry, 34: 959-968.

- Wyn Jones R.G. et Storey R., 1978. Salt stress and comparative physiology in the gramineae. II. Glycinebetaine and praline accumulation in two salt and water stressed barley varieties. Aust. J. Plant Physiol., 5: 817-829.

- Ziv M., 1979. Transplanting Gladiolus plants propagated *in vitro*. Sci. Hortic., 11: 257-260.

- Zid E. et Grignon C., 1991. Les tests de sélection précoce pour la résistance des plantes aux stress. Cas des stress salin et hydrique. In : Aupelf-Uref (eds). 11èmes journées scientifiques du Réseau de Biotechnologies Végétales. L'amélioration des plantes pour l'adaptation aux milieux arides. J. Libbey. Eurtext. Paris et Londres : 91-108.

- Ziv M., Halevy A.H. et Shilo R., 1970. Organ and plantlet regeneration of Gladiolus through tissue culture. Ann. Bot., 34: 671-676.

- Ziv M., Lilien- Kipnis H., 1990. *Gladiolus*. In: Handbook of Plant Cell Culture, Vol. 5, PA Ammirato, DA Evans, WR Shark and YPS Bajaj (eds.), Mcgraw Hill Publishing Co., New York, USA, 461-478.

- Ziv M., Lilien-Kipnis H., 2000. Bud regeneration from inflorescence explant for rapid propagation of geophytes *In vitro*. Plant Cell Rep., 19: 845-850.

www.ingramcontent.com/pod-product-compliance
Lightning Source LLC
Chambersburg PA
CBHW021119210326
41598CB00017B/1504